Java 程序设计实验指导

吴功兴 主编　赵文明 副主编

浙江工商大学出版社
ZHEJIANG GONGSHANG UNIVERSITY PRESS

图书在版编目(CIP)数据

Java 程序设计实验指导 / 吴功兴主编. —杭州 ：
浙江工商大学出版社，2013.1(2023.1 重印)
ISBN 978-7-81140-682-5

Ⅰ. ①J… Ⅱ. ①吴… Ⅲ. ①JAVA 语言－
程序设计－高等学校－教学参考资料 Ⅳ. ①TP312

中国版本图书馆 CIP 数据核字(2013)第 010069 号

Java 程序设计实验指导

吴功兴 主编　赵文明 副主编

责任编辑　吴岳婷
封面设计　王妤驰
责任印制　包建辉
出版发行　浙江工商大学出版社
(杭州市教工路 198 号　邮政编码 310012)
(E-mail:zjgsupress@163.com)
(网址:http://www.zjgsupress.com)
电话:0571－88904980,88831806(传真)
排　　版　杭州朝曦图文设计有限公司
印　　刷　广东虎彩云印刷有限公司绍兴分公司
开　　本　787mm×960mm　1/16
印　　张　14.5
字　　数　268 千
版 印 次　2013 年 1 月第 1 版　2023 年 1 月第 7 次印刷
书　　号　ISBN 978-7-81140-682-5
定　　价　29.00 元

总　　序

以计算机技术为核心的信息产业极大地促进了当代社会和经济的发展，培养具有扎实的计算机理论知识、丰富的实践能力和创新意识的应用型人才，形成一支有相当规模和质量的专业技术人员队伍来满足各行各业的信息化人才需求，已成为当前计算机教学的当务之急。

计算机学科发展迅速，新理论新技术不断涌现，而计算机专业的传统教材特别是实验教材仍然使用一些相对落后的实验案例和实验内容，无法适应当代计算机人才培养的需要，教材的更新和建设迫在眉睫。目前，一些高校在计算机专业的实践教学和教材改革等方面做了大量工作，许多教师在实践教学和科研等方面积累了许多宝贵经验，将他们的教学经验和科研成果转化为教材，介绍给国内同仁，对于深化计算机专业的实践教学改革有着十分重要的意义。

为此，浙江工商大学出版社、浙江工商大学计算机技术与工程实验教学中心及软件工程实验教学中心邀请长期工作在教学科研第一线的专家教授，根据多年人才培养及实践教学的经验，针对国内外企业对计算机人才的知识和能力需求，组织编写了"计算机与软件工程实验指导丛书"。该丛书包括《操作系统实验指导》《嵌入式系统实验指导》《数据库系统原理学习指导》《Java 程序设计实验指导》《接口与通信实验指导》《My SQL 实验指导》《软件项目管理实验指导》《软件工程实践实验指导》《软件工程开源实验指导》《计算机应用技术（办公软件）实验指导》等书，涵盖了计算机及软件工程等专业的核心课程。

丛书的作者长期工作在教学、科研的第一线，具有丰富的教学经验和较高的学术水平。教材内容凸显当代计算机科学技术的发展，强调掌握相关学科所需的基本技能、方法和技术，培养学生解决实际问题的能力。实验案例选材广泛，来自于学生课题、教师科研项目、企业案例以及开源项目，强调实验教学与科研、应用开发、产业前沿紧密结合，体现实用性和前瞻性，有利于激发学生的学习兴趣。

我们希望本丛书的出版对国内计算机专业实践教学改革和信息技术人才的培养起到积极的推动作用。

"计算机与软件工程实验指导丛书"编委会

2012 年 7 月

前　言

Java 语言是目前最为流行的网络编程语言，它完全面向对象、简单高效、与平台无关、安全、支持多线程，是计算机世界的“国际语言”。Java 程序设计是一门实践性很强的课程，在掌握基本理论的同时，要求我们充分地利用语言提供的环境和资源，通过反复上机实验，不断积累程序设计的经验，使自己的程序设计能力不断提高。因此，Java 的实验指导书就变得特别重要。本书的编写在兼顾基本知识点的同时，根据几年来的教学实践和 Java 的主流应用，精心组织了实验项目，不仅包含大量验证实验，而且还编写了若干综合实验。

本书的第一个特点是：在给出每个实验具体的操作内容之前，作者都全面、透彻地阐述了与本次实验有关的基本概念和知识要点。学习者阅读以后，将会感到不仅对顺利完成本次实验操作大有帮助，而且也起到了对本章节所学的理论知识进行全面、系统地复习与回顾的作用。第二个特点是：作者突破了传统的实验题型的框架，并非就事论事地给出几道枯燥的、毫无启发性的题目，让学习者自己去编制程序，而是采用了丰富多变的形式，其中有：给出现成的程序让学习者模仿，给出一个简单的程序让学习者去扩充其功能，给出一道题目和程序说明让学习者独立编程，以及设置了考察学习者综合运用能力的不同档次的习题。第三个特点是：在实验题的选择与编排上遵循了深入浅出、由简至繁的原则，可使读者在阅读和练习时能循序渐进、轻松自如。本书中所有例题及相关代码都已在 JDK1.5 开发环境中经过验证。本教程还对 Java 的编译环境，程序编辑、调试、编译、运行等一系列操作方法，做了较全面的介绍。因此本教程既是一本理想的实验指导书，又是一本有价值的有关 Java 程序设计的参考书。

本书第一、二、三、四、五、六章由杭州职业技术学院赵文明编写，第七、八、九、十、十一、十二章由浙江工商大学吴功兴编写。本书在编写过程中，得到了浙江科技学院叶绿教授和潘志刚老师、宁波大红鹰学院杨昱昺老师和衢州学院陈佳泉老师的很多具体指导；此外，得到了浙江工商大学计算机与信息工程学院实验教学示范中心的大力支持，浙江工商大学出版社的蒋红群老师对本书的编写提出了许多有益的意见，使本书得以顺利出版。在此谨向他们表示衷心的感谢。

由于编者水平所限，书中难免存在错误和不足之处，恳请广大读者对本书提出宝贵的意见和建议。

编者著

2012年9月

目　　录

绪　论

目前，很多理工科高校都开设了 Java 程序设计课程，该课程教学与上机的比例大致为 2∶1。市场上关于 Java 程序设计的教材很多，但如何指导学生上机操作的书籍却很少。学生在上机课上往往不知干什么，或者上机操作时遇到问题在教科书中找不到解决办法，如何指导学生上机实践操作，减轻教师的工作量是急需解决的问题。

Java 语言是一门发展非常快、不断创新的计算机语言，许多大型项目已经采用了 Java 语言来开发。为了适应计算机教学发展趋势，有必要编写一本符合当前 Java语言发展趋势和教学现状的实验指导书，以克服读者"学"和"用"脱节的问题。以编者从事 Java 课程教学活动中积累的经验为基础，从实用性、科学性出发，以及结合当前的计算机技术，我们特编写了此书。本书分为五个部分：Java 开发环境及语言基础、面向对象程序设计、GUI 编程、高级编程初步、综合程序设计。

第一部分：Java 开发环境及语言基础。

第一章、第二章，这是了解 Java 的语言基础，内容涉及 Java 的背景知识、Java 的数据类型和基本操作，控制语句、方法、数组等。在这一部分着重介绍了如何设置 JDK5.0 路径，在 DOS 环境下编译、运行 Java Application 和 Java Applet，尤其对在 Eclipse 集成开发环境中加载 JDK5.0 编译环境和开发 Java Application 及 Java Applet 进行了详细说明和介绍。

第二部分：面向对象程序设计。

第三章到第五章，详细介绍面向对象的基本概念，以及通过多种形式的实验设计，对面向对象的实际应用展开介绍。在这一部分，实验设计涉及以下内容：对象的创建与使用、静态成员与实例成员、变量与对象的作用域和生存期、函数重载、子类的派生、方法覆盖、多态性与动态绑定、包的使用与访问控制、接口的定义与实现。此外，通过对 Java 的常用工具类，如 Math 类与基本数据包装类、字符串的常用类等的应用，来巩固和加深对面向对象程序设计概念的理解，使得读者对如何应用 Java 实现面向对象程序设计有一个正确认识。

第三部分:GUI 编程。

第六章、第七章,介绍了 GUI 编程。该部分从常用的 GUI 组介绍开始,涉及事件处理、Applet 小程序,使得 GUI 编程具有良好的人机交互性。本部分侧重讨论了常用的 Swing 包的高级图形组件、事件处理模型、Applet 小程序生命周期、Applet 参数的设置和提取等。

第四部分:高级编程初步。

第八章到第十一章,这部分是适应教学内容的扩充而展开的。在这一部分,对运用 Java 语言实现文件处理、多线程编程、网络编程、访问数据库等方面做了初步介绍,为进一步学习这些技术提供基础和学习的方向。本书从基本概念、线程的实现方法、线程的调度、线程的生命周期等多方面,通过多个具有实用意义的实验案例对多线程展开详细说明。通过一些具有实践意义的实验设计来帮助学生了解高级编程的基本内容和编写具有实用意义的程序。

第五部分:综合程序设计。

前面几部分介绍了 Java 语言编程的基本方法和原理,编写了一些相对简单的程序,但是这些程序基本上都是面向单个知识点的,不够系统,也过于单调,本部分介绍了几个综合 Java 程序设计的例子,以使学生更好地了解相关内容。

本书将每一章分成两个层次:预备知识和实验指导。在预备知识部分,针对学习过程中需要注意的知识点和一些常见的问题做了总结和归纳,帮助学生快速地对关键知识点进行了解和回顾。在实验指导部分,根据对知识点的不同要求,设计了一个或多个具有实用性的实验。通过新颖、循序渐进的教学方法,深入浅出地详细介绍了实验步骤以及实验内容。

第一章　开发简单的 Java 程序

Java 语言是一门很优秀的语言，具有面向对象、与平台无关、安全、稳定和多线程等优良特性，是目前软件设计中极为热门的编程语言。Java 语言的出现是源于对独立于平台语言的需要，即这种语言编写的程序不会因为芯片的变化而发生无法运行或出现运行错误等问题。目前，随着网络的迅速发展，Java 语言的优势越来越明显，Java 已经成为网络时代一门非常重要的语言。

本章主要对如下几个方面做了介绍：SDK 的下载与安装、设置环境变量、安装 Java 虚拟机和安装 Eclipse 集成开发环境。

预备知识

1. SDK 的下载与安装

(1)机器要求。

Java 对机器运行要求不高。下面给出的是基于 Windows 平台的机器要求。

硬件要求：CPU PII 以上，64M 内存，100M 硬盘空间即可。

软件要求：Windows98/Me/XP/NT/2000，IE5.0 以上。

(2)下载 SDK。

为了建立基于 SDK 的 Java 运行环境，需要先下载 Sun 的免费 SDK 软件包。SDK 包含了一整套开发工具，其中包含对编程最有用的 Java 编译器、Applet 查看器和 Java 解释器。

在浏览器中输入 http://www.oracle.com/technetwork/java/javase/downloads/index.html，可看到图 1-1 所示的 Sun 公司网站页面。

单击“jdk-7-windows-i586.exe”超链接，开始下载工作。

(3)安装 SDK。

运行下载的“jdk-7-windows-i586.exe”软件包可安装 SDK，在安装过程中可以设置安装路径及选择组件，系统默认的安装路径为 C:\Program Files\Java\

jdk1.7.0(这里选择 E 盘),默认的组件选择是全部安装。安装成功后,其中,bin 文件夹中包含编译器(javac.exe)、解释器(javac.exe)、Applet 查看器(appletviewer.exe)等可执行文件。

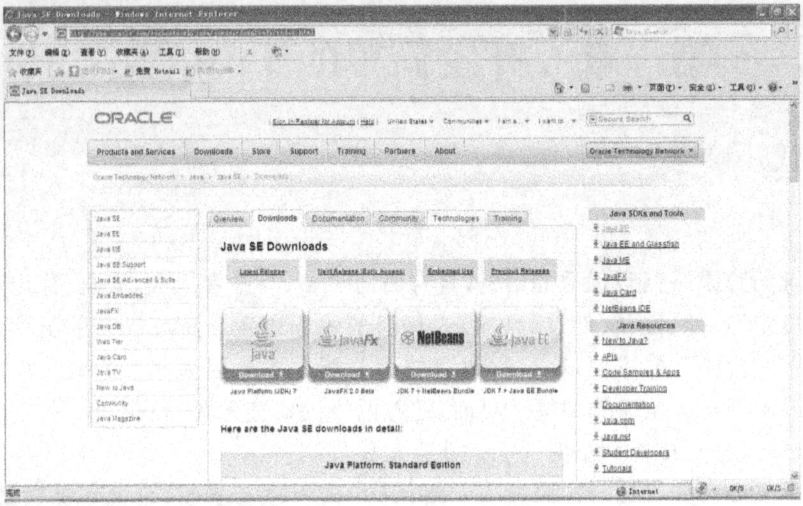

图 1-1 Sun 公司网站页面

2. 设置环境变量

SDK 中的工具都是命令行工具,需要从命令行即 MS-DOS 提示符下运行它们。很多人可能会不习惯,但这是 Sun 特意采取的策略,为的是把精力更多地投入到 Java 语言本身而不是花在开发工具上。

以 Windows XP 为例说明设置过程。在桌面"我的电脑"图标上单击右键,选择"属性"菜单,将出现系统特性设置界面。在"高级"选项卡中单击"环境变量"按钮,将出现"环境变量"设置界面,如图 1-2 所示。

在"系统变量"框中选择"Path",然后单击"编辑"按钮,在出现的"编辑系统变量"对话框"变量值"栏的命令前添加"C:\Program Files\Java\jdk1.7.0\bin;"命令。

用同样方法设置环境变量"classpath",其值为"C:\Program Files\Java\jdk1.7.0\lib;"命令。

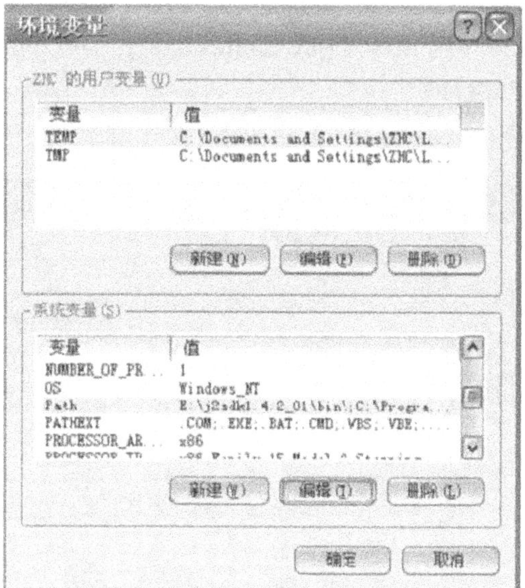

图 1-2 设置界面

设置完成后,单击"开始"→"所有程序"→"附件"→"命令提示符"打开 DOS 窗口,在命令提示符下输入"java"或"javac",回车后,如果出现其用法参数提示信息,则安装正确,如图 1-3 所示。

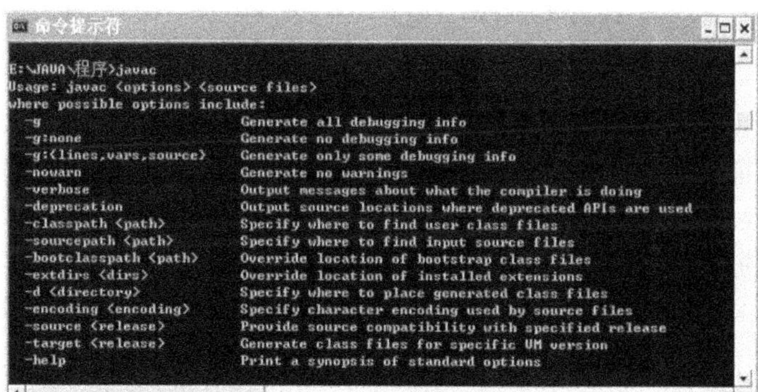

图 1-3 提示信息

3. 安装 Java 虚拟机

为了在浏览器中正常浏览 Java 程序,要在浏览器中安装 Java 虚拟机,或需要打开浏览器禁止的 Java 功能。

(1)下载并设置 Java(TM)软件。

Java(TM)软件中涉及 Web 交互的部分。它包括 Java 虚拟机和许多其他内容。有了它可以尽情享受 Internet 提供的最佳内容，包括游戏、体育、聊天、电子邮件、艺术、财务工具等。可到 http://java.sun.com/getjava/zh/downloLX3_1.html 下载免费的 Java(TM)软件。

下载完成后，打开 Windows 的“控制面板”窗口，如图 1-4 所示。

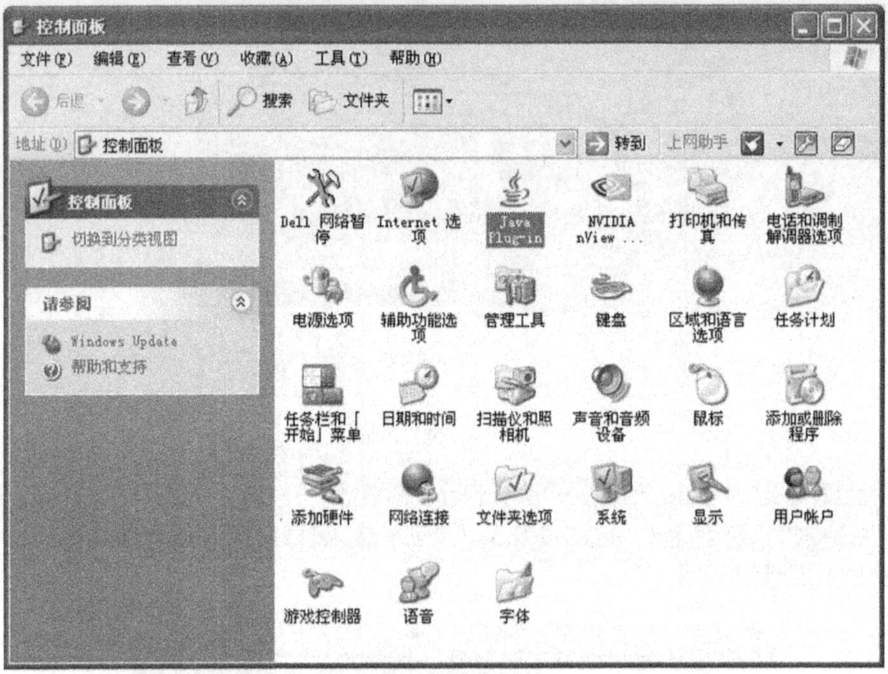

图 1-4　控制面板

在“控制面板”窗口双击图标，打开“Java(TM) Plug-in 控制面板”对话框，选择“浏览器”选项，单击选取“Microsoft Internet Explorer”复选框。再单击“应用”按钮，如图 1-5 所示。

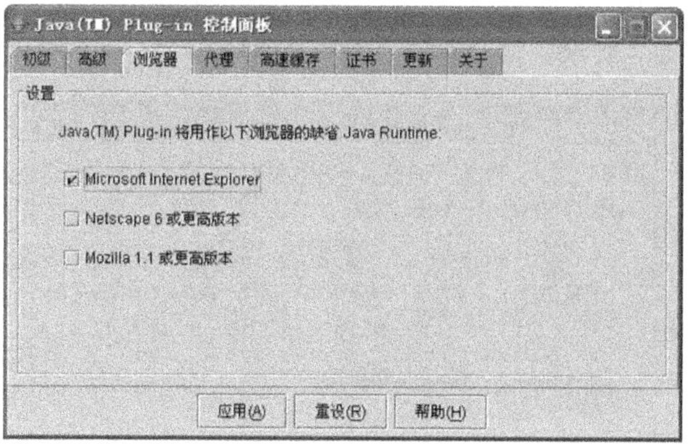

图 1-5　浏览器设置

(2)打开浏览器 Java 的功能。

打开一个 IE 窗口，在浏览器菜单栏单击“工具”→“Internet 选项”命令，打开“Internet 选项”对话框，选择“高级”选项卡，选取“Java(sun)”下的单选框；选取“Microsoft VM”下的第一个选项“启用 Java JIT 编译器”，如图 1-6 所示。

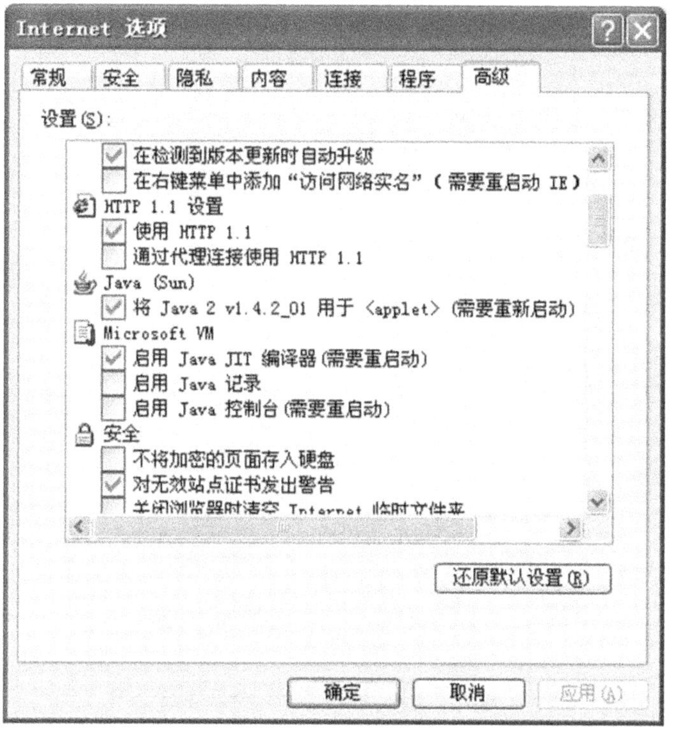

图 1-6　高级选项卡

选择“安全”选项卡，如图 1-7 所示，单击“自定义级别...”按钮，将打开“安全设置”对话框，如图 1-8 所示。

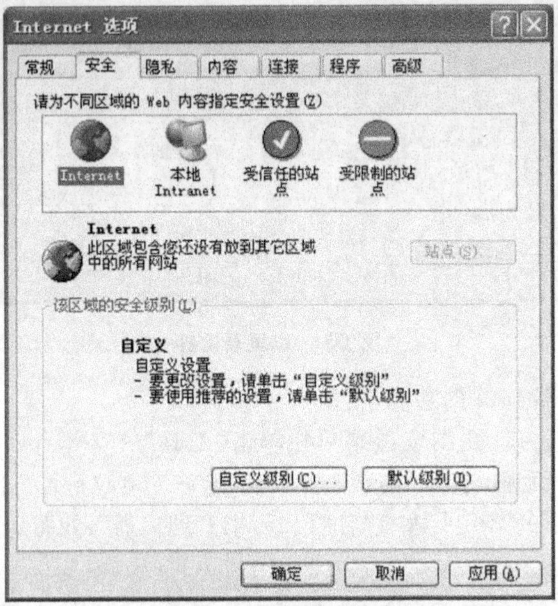

图 1-7　安全选项卡

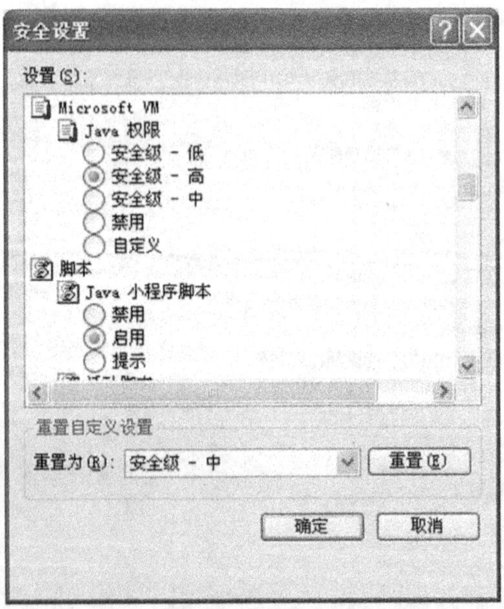

图 1-8　安全设置

在“安全设置”对话框中把“Microsoft VM”中的Java权限设置为“安全等级一高”；把“脚本”中的“Java小程序脚本”设置为“启用”，把“活动脚本”设置为“启用”。

完成上面操作后，关闭浏览器再重新打开即可在浏览器中正常浏览java小程序。

4. 安装 Eclipse 集成开发环境

Eclipse的最新版本是3.x，附带有各种语言包，中国的用户可以从www.eclipse.org上面下载eclipse的SdK和中文语言包，解压缩到同一个目录下就可以了。例如把它们解压缩到d:\eclipse3目录下。该软件是一个绿色软件，如果日后想删除，就直接删除这个目录就可以了。在d:\eclipse3目录下，运行eclipse.exe文件就可以启动。进去后就是主界面，如图1-9所示。

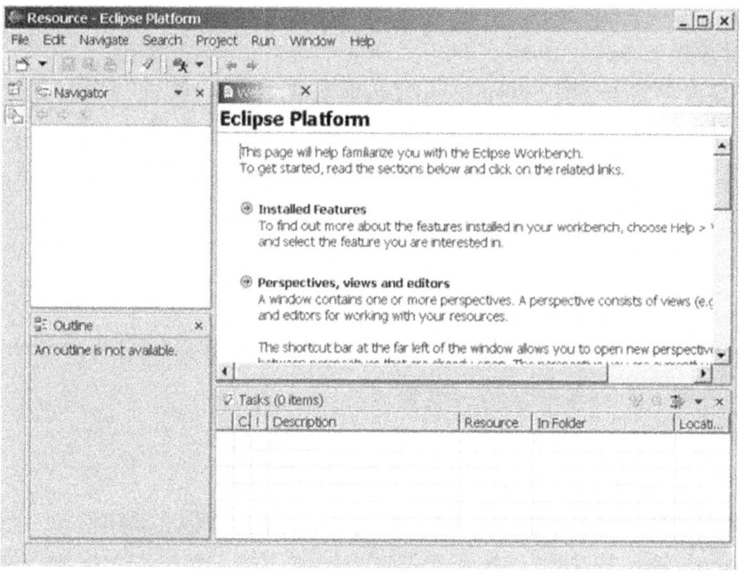

图 1-9 Eclipse 界面

实验一 Java开发环境的安装

一、实验目的

1. 下载、安装并设置Java SDK软件包。
2. 学习设置JDK6.0运行路径的方法。

二、实验内容

Java 开发环境的安装，配置环境变量。

实验步骤：

(1)下载“jdk-6u24-windows-i586. exe”“eclipse3. 6-java-helios-SR2-win32. zip”和中文包“BabelLanguagePack-eclipse-zh_3. 6. 0. v20101211043401”三个文件到你的机器上。

(2) 运行 jdk-6u24-windows-i586. exe 以安装 JDK1. 6，安装路径设 d:\jdk1. 6. 0_24(也可以设在其他的路径)。

(3)解压 eclipse3. 6-java-helios-SR2-win32. zip 以安装 Eclipse 集成开发环境，安装目标路径设为 d:\eclipse。

(4)在桌面“我的电脑”图标上点击鼠标右键，选择“属性”菜单，然后点击“高级”中的“环境变量”，在其中新建两个环境变量，它们的变量名和变量值分别如下(注意：如果 Path 环境变量已经存在，可以在现有环境变量值的后面再添加值，之间以分号分隔，如：...；d:\jdk1. 6. 0_24\bin)：

```
Path=d:\jdk1.6.0_24\bin
ClassPath=.;d:\jdk1.6.0_24\lib
```

(5)点击“开始”按钮，找到其中的“附件”→“命令提示符”，然后在窗口中输入 javac 命令，查看一下环境变量是否设置成功。

三、上机思考题

1. 如果希望从互联网上下载 JDK 和 Eclipse 开发环境，应该如何做？(提示：可通过 Google 搜索，输入关键词“JDK 下载”和“Eclipse 下载”，然后查看搜索结果。)

官方网站 http://java. sun. com/javase/downloads/可下载 JDK。

官方网站 http://www. eclipse. org/downloads/可下载 Eclipse。

2. 什么是环境变量，它有什么作用？(提示：通过 Google 搜索关键词“环境变量”)

实验二　编译和运行 Java 应用程序

一、实验目的

1. 熟悉 Eclipse 编辑软件。

2. 编写一个简单的 Java 程序。

3. 学习在 DOS 环境下,如何运行 Java 应用程序。

二、实验内容

编写一个 Java 程序,编译并运行该程序,输出“Hello,world”。

实验步骤:

(1)使用 Eclipse 集成环境或 JCreator Pro 编辑器。

下面举一个简单的例子,我们将创建并运行一个“Hello,world”应用程序。先创建一个“Hello”项目,使用 Java 透视图,右键单击“Hello”项目,选择“New”→“Class”→,如图 1-10 所示。在随后出现的对话框中,键入“Hello”作为类名称。在“Which method stubs would you like to create?”下面,选中“public static void main(String[]args)”复选框,然后按 “Finish”完成。

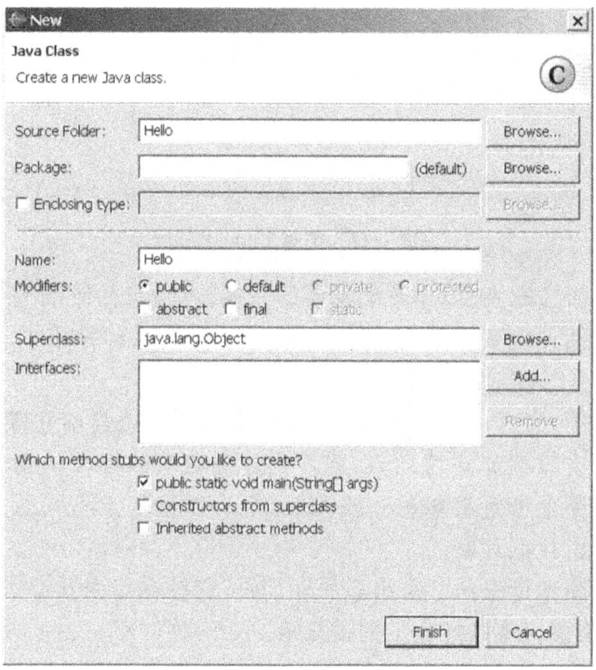

图 1-10 New Class 定义

这样将在编辑器区域创建一个包含 Hello 类和空的 main()方法的.java 文件,如图 1-11 所示。然后向该方法添加代码(注意其中 i 的声明是有意省略了的)。

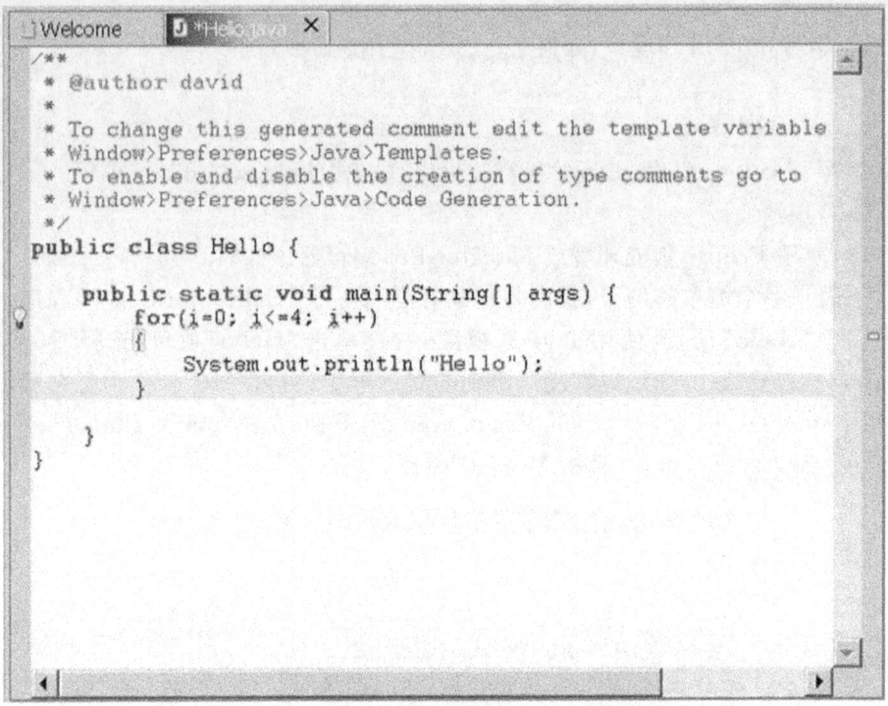

图 1-11　编辑 Hello.java

您会在键入时注意到 Eclipse 编辑器的一些特性，包括语法检查和代码自动完成。当您键入开括号或双引号时，Eclipse 会自动提供配对的符号，并将光标置于符号对之内。

在其他情况下，您可以通过按 Ctrl-Space 来调用代码自动完成功能。代码自动完成提供了上下文敏感的建议列表，您可通过键盘或鼠标来从列表中选择。这些建议可以是针对某个特定对象的方法列表，也可以是基于不同的关键字(比如 for 或 while)来展开的代码片断。

语法检查依赖增量编译。每当您保存代码，它就在后台接受编译和语法检查。默认情况下，语法错误将以红色下划线显示，一个带白“X”的红点将出现在左边沿。其他错误在编辑器的左边沿通过灯泡状的图标来指示；这些就是编辑器或许能为您修复的问题——即所谓的 Quick Fix(快速修复)特性。

上面的代码例子在 for 语句后面有一个灯泡状图标，因为 i 的声明被省略了。双击该图标将调出建议的修复列表。在此例中，它将提供创建一个类字段 i、一个局部变量 i 或一个方法参数 i 的建议；单击其中的每一个建议，都会显示将要生成的代码。图 1-12 显示了该建议列表和建议创建一个局部变量之后生成的代码。

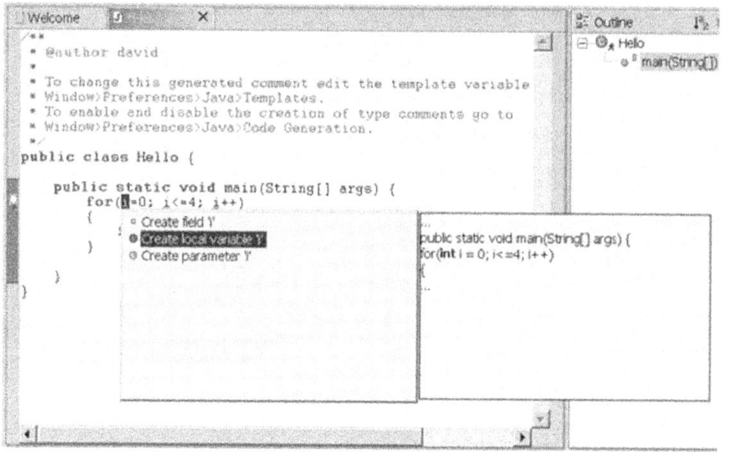

图 1-12　编辑 Hello. java

双击该建议就会把建议代码插入代码中的恰当位置。

一旦代码无错误地编译完成，您就能够从 Eclipse 菜单上选择 Run 来执行该程序(注意这里不存在单独的编译步骤，因为编译是在您保存代码时进行的。如果代码没有语法错误，它就可以运行了)。这时会出现一个具有适当默认设置的 Launch Configurations 对话框；按右上角的 Run 按钮，一个新的选项卡式窗格将出现在下面的窗格(控制台)中，其中显示了程序的输出，如图 1-13 所示。

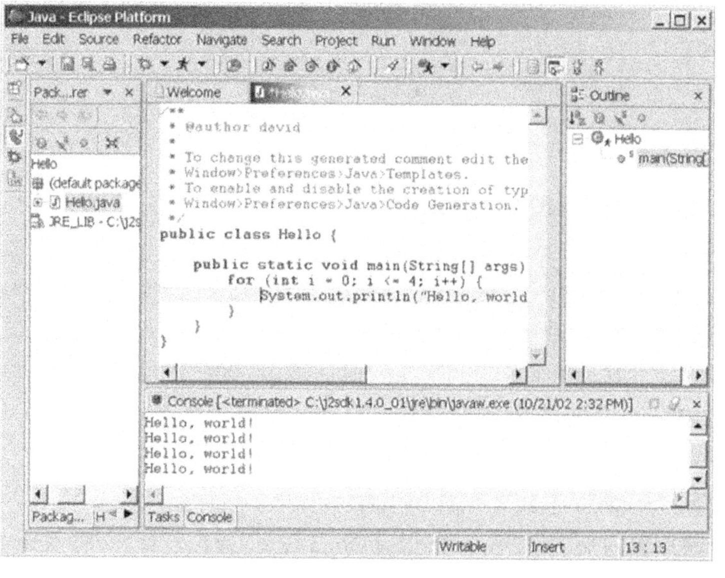

图 1-13　运行 Hello

也可以在 Java 调试器中运行程序。首先双击编辑器视图左端的灰色边沿，从而在调用 System. out. println()之后的 main() System. out. println()中设置一个断点。一个蓝色的点将会出现在那里。然后从 Run 菜单上选择 Debug。正如上面描述的，这时会出现一个 Launch Configurations 对话框。选择 Run，透视图将自动切换到 Debug 透视图，其中具有许多有趣的新视图，如图 1-14 所示。

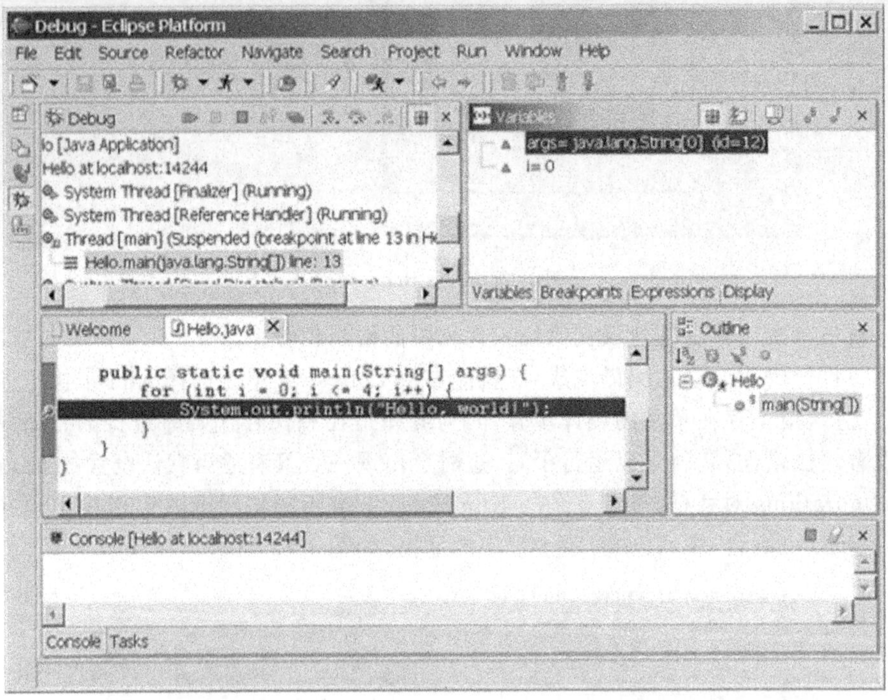

图 1-14 运行 Debug

首先，请注意该透视图左上角的 Debug 视图。这个视图显示调用堆栈，并且标题栏中有一个工具栏，它允许您控制程序的执行，包括继续、挂起或终止程序、跟踪下一个语句、单步执行下一个语句，或者从方法返回。

右上角的窗格包含许多选项卡式的视图，包括 Variables、Breakpoints、Expressions 和 Display。这里我们单击了 Variables 视图，以便能够看到 i 的当前值。

可以通过上下文敏感的帮助，获得关于这些视图的更多信息：单击视图的标题，然后按 F1。

(2)编译 Java 源程序。

Java 源程序编写后，要使用 Java 编译器(javac. exe)进行编译，将 Java 源程序编译成可执行的程序代码。Java 源程序都是扩展名为. java 的文本文件。编译时首先读入

Java 源程序，然后进行语法检查，如果出现问题就终止编译。语法检查通过后，生成可执行程序代码即字节码，字节码文件名和源文件名相同，扩展名为.class。

①打开命令提示符窗口（MS-DOS 窗口）进入 Java 源程序所在路径。

②键入编译器文件名和要编译的源程序文件名 javac Hello.java，如图 1-15 所示。

③按回车键开始编译（注意：文件名 H 要大写，否则运行会出问题）。

如果源程序没有错误，则屏幕上没有输出，键入“dir”按回车键后可在目录中看到生成了一个同名字的.class 文件“Hello.class”，否则将显示出错信息。

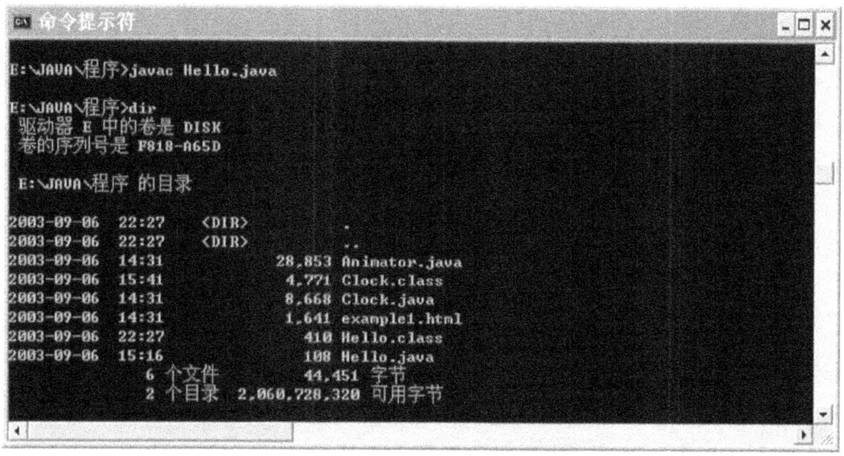

图 1-15 查看新生成的文件

（3）运行 Java 程序。

使用 Java 解释器(java.exe)可将编译后的字节码文件 Hello.class 解释为本地计算机代码。在命令提示符窗口或 MS-DOS 窗口键入解释器文件名和要解释的字节码文件名 java Hello，按回车键即开始解释并可看到运行结果，如果看到如图 1-16 所示结果，表明程序运行成功了。这是一种字符方式的应用程序，其结果显示在屏幕上。

图 1-16 运行结果

三、上机思考题

编写 Application,显示字符串“Hello Java! 欢迎使用!”,要求在 DOS 环境下编译和运行。

实验三 创建 Java 应用程序

一、实验目的

1. 熟悉 Eclipse 编辑软件。
2. 编写一个简单的 Java 程序。
3. 掌握运行 Java 程序的步骤。
4. 浏览 SDK 自带的 Applet 应用小程序。

二、实验内容

本实验由两个练习组成:

练习一:创建 Java 应用程序。

练习二:Java Applet 的程序结构和开发过程。

练习一:创建 Java 应用程序

实验步骤:

(1)启动 Eclipse 集成开发环境。

(2)点击“文件”→“新建”→“项目”,选择“Java 项目”。

(3)输入项目名:Ch01,表示第一章,其中 Ch 是 chapter 的缩写(意为章节),然后点击完成,如图 1-17 所示。

(4)点击“文件”→“新建”→“类”。

(5)输入类名称:Hello,勾选 Public static void main(String[]args)方法,点击完成。

(6)在打开的 Hello. java 中,输入两条 System. out. println()语句,将你的姓名和年龄打印出来,其输出结果形式如下:

```
我叫哈利波特
我今年 16 岁
```

图 1-17　新建 Jave 类

练习二:Java Applet 的程序结构和开发过程

实验步骤：

(1)打开 JCreator Pro 编辑器。

(2)新建一个文件 HelloWorld2.java,将程序清单 1-1 中的程序输入并保存。

程序清单 1-1

```
import java.awt.Graphics;
  import java.applet.Applet;
  public class HelloWorld2 extends Applet
    {
```

```
    public void paint(Graphics g)
    {
        g.drawString(" Hello World! ",25,25);
    }
}
```

(3)检查无误后(注意大小写)保存文件,设文件保存在“D:\Java\”目录中。注意文件名为 HelloWorld2.java。

(4)进入命令行(MS-DOS)方式,设定当前目录为“D:\Java\”,运行 Java 编译器:

```
D:\Java>javac HelloWorld2.java
```

(5)如果输出错误信息,则根据错误信息提示的错误所在行返回 EditPlus 编辑器进行修改。如果没有输出任何信息或者“Deprecation”警告,则认为编译成功,此时会在当前目录中生成 HelloWorld2.class 文件。

(6)JCreator Pro 编辑器中建立新文件。键入如下 HTML 程序,如程序清单 1-2 所示。

程序清单 1-2

```
<HTML>
<HEAD><TITLE> HelloWorld2 </TITLE></HEAD>
<BODY>
<applet code=HelloWorld2 width=300 height=200></applet>
</BODY>
</HTML>
```

(7)检查后保存文件。文件名 HelloWorld2.html,保存在“D:\Java\”目录中。

(8)直接双击这个 HTML 文件,查看 Applet 在浏览器中的运行结果。或者打开 Web 浏览器(例如 IE6.0),在地址栏中键入这个 HTML 文件的全路径名(D:\Java\ HelloWorld2.html),查看 Applet 在浏览器中的运行结果。

(9)进入命令行(MS-DOS)方式,并设定当前目录为“D:\Java\”,利用模拟的 Applet 运行环境解释运行这个 Java Applet 程序并观察运行结果:

```
D:\Java>Appletviewer HelloWorld2.html
```

在安装完成的本地机文件夹下\ jdk1.6.0_24\demo\applets\Clock 文件夹中用浏览器打开网页文件 example1.html,就可以看到一个嵌入 Web 页面的 Applet 开始运行,一个模拟时钟出现在网页上,如图 1-18 所示,显示出系统当前时间。

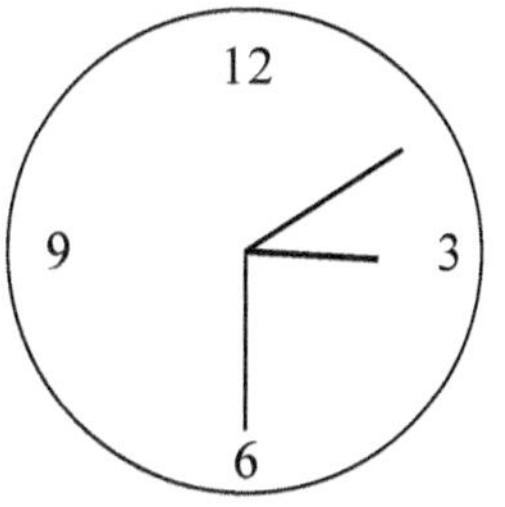

星期一三月22 15:10:30 2009

图 1-18　运行界面

三、上机思考题

1. Hello 类的 main()方法/函数有什么作用，其目的是什么，可否将其改为 Main()。

2. 语句 System. out. println()和 System. out. print()有什么不同？请将上例代码中的打印语句改为 System. out. print()，看看输出结果有什么不同。

3. 分别编写 Application 和 Applet 程序，显示字符串"Hello Java！欢迎使用！"。

第二章 Java 基本的程序设计结构

基本数据类型、常用的基本运算和基本控制语句是 Java 语言的基础部分，也是学习 Java 语言的重要内容。本章主要从如下几个方面做了介绍：标识符和保留字、Java 的基本数据类型、Java 的基本运算、Java 的一些常用的输入和输出操作、顺序结构、选择结构和循环结构和数组，讨论了 Java 语言是如何利用基本控制语句编写程序的。

预备知识

本节主要介绍 Java 语言的基础知识，包括 Java 数据类型、运算符、表达式等，帮助读者快速回顾 Java 语言语法知识。

1. 标识符和保留字

与所有计算机语言一样，作为代码最基本的语言由关键字、标识符、分隔符、运算符、注释等构成，其中运算符在后一节专门介绍。

(1)标识符。

在 Java 语言中，标识符是赋予变量、类、方法或对象的名称。Java 对标识符做了如下规定。

①标识符以字母、下划线“_”或美元符号“$”开始。

②第一个字母后可接字母、下划线、美元符号和数字。

③标识符大小写区别对待，且没有最大长度限制。

④Java 采用的 16 位双字节编码标准(Unicode)，而不是 8 位的 ASCII 文本，因此一个字母有着更广泛的定义，不仅仅是“a”到“z”和“A”到“Z”，还包括汉字、拉丁字母等。

(2)关键字。

在 Java 语言系统中，有一些标识符是系统定义的，它们有专门的意义和用途，这些标识符为关键字(keyword)或保留词(reserved word)。Java 语言中目前定义了 49 个标识符，这些标识符不能用作变量、类、方法或对象的名称，以下列出了 49 个 Java 关键字，如表 2-1 所示。

表 2-1　Java 关键字

abstract	continue	goto	package	synchronized
assert	default	if	private	this
boolean	do	implements	protected	throw
break	double	import	public	throws
byte	else	instanceof	return	transient
case	extends	int	short	try
catch	final	interface	static	void
char	finally	long	strictfp	volatile
class	float	native	super	while
cont	for	new	switch	

我们在使用关键字时要注意以下两点。

①true、false 和 null 这几个字均为小写，是 Java 定义的值，但它们不是关键字。

②没有 sizeof 关键字，Java 中所有变量的类型和长度都是固定的。

2. 基本数据类型

Java 语言定义了 8 种基本的数据类型：boolean、char、byte、short、int、long、float 和 double，这 8 种数据类型可分为布尔型(boolean)，字符型(char)，整数型(byte、short、int、long)，浮点型(float、double)4 类。

(1)布尔型。

布尔型只有两个可能的值：true 和 false，通过 Java 提供的关系运算符和逻辑运算符，关系表达式和逻辑表达式进行运算时可以得到布尔值。在 Java 中布尔型和整数型之间没有转换关系。在 C 和 C＋＋语言中允许将数字值转换为布尔值，这在 Java 中是禁止的，布尔类型只能使用布尔值。

(2)字符型。

Java 中用于存储字符的数据类型是 char，Java 利用 Unicode 字符集表示字符，它是 16 位无符号型数据。Unicode 定义了一个国际化的字符集，这个字符集可以表示人类语言中发现的所有字符，它是很多字符集的集合，如 Latin、Greek、Arabic 等。

(3)整数型。

Java 定义了 4 种整型类型：byte(字节型)、short(短整型)、int(整型)和 long(长整型)。在 C/C++中,int 型数据依赖于目标机器,如在 DOS 中整型用 2 个字节 16 位表示,而在 Windows 2000 中 int 型用 4 个字节 32 位表示。在 Java 中,所有的数值类型大小均和平台无关,都是固定的,且 Java 中没有提供 unsigned 类型,均带有符号。表 2-2 列出了各种数据类型的名称、所占的位数及范围。

表 2-2 Java 数值型类型

类型	名称	字节数	范围
整型	byte	1	$-2^7 \sim (2^7-1)$
	short	2	$-2^{15} \sim (2^{15}-1)$
	int	4	$-2^{31} \sim (2^{31}-1)$
	long	8	$-2^{63} \sim (2^{63}-1)$
浮点	float	4	−3.4e+38 ~ 3.4e+38
	double	8	−1.7e+308~1.7e+308

(4)浮点型。

浮点型数据是指那些含有小数部分的数字,浮点类型有 float(单精度型)和 double(双精度型)两种,它们所占的宽度和范围见表 2-2。

①float 型。float 型使用 32 位存储,数值后有一个后缀“F”,例如 2.354f(大小写均可),如果一个浮点数后面没有 F,系统默认为 double 型,例如 2.5414 表示该数默认为 double 型。

②double 型。double 型使用 64 位存储,数值后有一个后缀“D”,例如 2.354D,如果一个浮点数后面没有 D 则默认为 double 型。目前所有的数学函数,如 sin()、cos()、tan()等均返回 double 型数值。double 型常用于在多次迭代运算过程中保持精确或在操作很大的数时。

3. 常量和变量

在 Java 中各种数据类型必须先实例化才能使用,数据类型实例化后可以分为两种:常量和变量。

(1)常量。

常量是在 Java 程序运行期间不能被修改的量,常量可分为普通常量和标识符常量,定义一个常量需用 final 修饰。在 Java 编码约定中,普通常量应全部大写并用下划线分隔,对象常量可以大小写混用。如下所示定义一个常量:

```
final double PI = 3.1415927;//定义一个 double 型常量,数值为 3.1415927
```

定义完常量后,在程序后面出现的 PI 就表示 double 型数值 3.1415927。

(2)变量。

在 Java 中,变量是一个基本的存储单位,变量由标识符、类型和可选的初始化部分组成,使用变量之前需要声明,声明变量的基本格式如下:

```
type identifier[=value][,identifier[= valuer]...];
```

type 表示 Java 中任意合法的数据类型,identifier 表示变量名。变量名可以是 Java 中任意合法的标识符,应具有一定的意义,以增加程序的可读性和可维护性。

在 Java 中,任何变量都必须经过初始化后才能使用,对于类成员变量,在使用类创建对象时被创建并赋默认值(0、false 或 null)。

4. 运算符和表达式

Java 提供了丰富的运算符,这些运算符和 C/C++中的运算符大致一样,可以将它们分为以下 8 组:赋值运算符、算术运算符、位运算符、关系运算符、逻辑运算符、"?"运算符、逗号运算符和强制类型转换运算符。用运算符和括号将运算对象(也称为操作数)连接起来,符合 Java 语法规则的式子称为表达式。

(1)赋值运算符。

赋值运算符(=)的作用是将一个数据赋给一个变量。

(2)算术运算符。

算术运算符主要使用在数学表达式中,完成算术运算。Java 中的算术运算符又可以分为一元运算符和二元运算符两种。一元运算符涉及的操作数只有一个,由一个操作数和一个一元运算符组成。

(3)位运算符。

位运算符可对任何一种整数类型进行位运算,位运算中除了"~"以外,其余均为二元运算符。位运算符可以分为位逻辑运算符("~"、"&"、"|"、"^")和移位运算符(">>"、"<<"、">>>"),如表 2-3 所示。

表 2-3　位逻辑运算符

位逻辑运算符	功能	移位运算符	功能
~	按位非(NOT,一元运算)	>>	右移
&	按位与(AND)	<<	左移
|	按位或(OR)	>>>	无符与左移
^	按位异或(XOR)		

(4)关系运算符。

关系运算符用来比较一个操作数和另一个操作数之间的关系,关系运算符的结果是一个布尔值，即 true 或 false。

(5)逻辑运算符。

逻辑运算符是对布尔操作数进行运算，其结果是一个布尔值，即 true 或 false。

5. 条件语句

(1)if 语句。

if 语句的一般格式如下：

```
if(条件表达式)
    语句块 1；
else
    语句块 2；
```

如果条件表达式返回的结果为 true 就执行语句块 1，否则执行语句块 2，在这里 else 语句是可选的。而所说的语句块可以是一条语句，也可以是多条语句。

if 语句可以嵌套，即一条 if 语句的执行块中可以含有另一条或多条 if 语句。当嵌套时必须要注意的是：else 语句总是和它在同一个块内的最近的 if 语句相关联的，它不和其他 else 语句相关联。

(2)switch 语句。

上面介绍了 if 语句的 if-else if 格式，我们可以发现 if-else if 格式在判断多个选项时格式非常繁琐。为解决这一问题，Java 提供了 switch 语句，该语句提供了一种简便的方式来基于表达式的值使程序执行不同的部分，它比 if-else if 格式显得更加简便。如下是 switch 语句的一般格式：

```
switch(表达式){
  case valuel:
      语句 1;
      break;
  case value2:
      语句 2;
      break;
  ……
  case valueN:
      语句 N;
      break;
  default:
  语句 N+1;
}
```

其中表达式必须为 byte、short、int 或 char 型，而且 case 语句中的 value 值必须与表达式的值兼容。

switch 语句执行过程如下：将表达式的值与 case 语句中的每个值相比较，如果两个值相等，则执行 case 语句后面的代码，否则查看是否有 default 语句，如有就执行 default 语句，如果没有则跳到 switch 语句末端，执行 swish 语句后的语句。

6. 循环结构

在程序设计过程中，有时需要反复执行一段代码，这时就需要用到循环结构，循环结构一般包括以下 4 个部分。

①初始化部分：设置循环控制的初始条件。

②判断部分：判断循环语句是否应该结束。

③循环体部分：反复执行的一段代码。

④迭代部分：修改循环控制条件。

Java 的循环语句有 3 种：while、do-while 和 for，分别介绍如下。

(1)while 语句。

while 循环是 Java 最基本的循环语句，其格式一般如下：

```
whlle(条件表达式)
{
  循环体;
}
```

当条件表达式为 true 时反复执行 while 语句的循环体部分，直至表达式为 false。如果条件表达式刚开始为 false，则不执行循环体部分。

(2)do-while 语句。

在 while 语句中，如果控制 while 循环的条件表达式为 false，则循环体不会执行，然而在某些情况下我们希望循环体至少执行一次，Java 提供了 do-while 循环。do-while 循环又称作“直到型”，其格式如下：

```
do{
  循环体;
}whlle(条件表达式);
```

do-while 语句先执行一次循环体，然后检查条件表达式，如果条件表达式为 true 则继续执行循环体部分，然后再检查条件表达式，直至条件表达式为 false。do-while 语句与 while 语句的区别在于 do-while 语句至少执行循环体一次，不管条件表达式是否为 true，而 while 语句当条件表达式为 false 时，循环体一次也不执行。

(3)for 语句。

for 语句是一个功能强大的循环语句，其格式一般如下：

```
for(初始化语句;条件表达式;迭代部分)
  循环部分;
```

for 语句执行时，首先执行初始化语句，然后判断条件表达式是否为 true，如果条件表达式为 true 则执行循环部分，最后执行迭代部分，执行完一次后，继续判断条件表达式，如果表达式为 true 则执行循环部分，然后执行迭代部分，直至条件表达式为 false，退出循环，停止执行。

7. 跳转语句

跳转语句就是将控制转移到程序的另一个地方，Java 语言有 3 种跳转语句：break、continue 和 return。

(1)break 语句。

break 语句有如下 3 种用途：

①退出 switch 语句。

②退出循环。

③标签中断。

(2)continue 语句。

在循环语句中，如果遇到 break 语句则将退出循环体，执行循环语句后面的语句，然而在有些情况下我们需要停止某个循环，而其他循环继续执行，Java 提供了 continue 语句。

(3)return 语句。

return 语句用于从一个方法中返回到调用该方法的地方继续执行，return 语句如果带有变量名，则该变量的值为方法的返回值。

8. 数组

Java 语言中，数组是一种最简单的复合数据类型。数组是有序数据的集合，数组中的每个元素具有相同的数据类型，可以用一个统一的数组名和下标来唯一地确定数组中的元素。

数组是一组相同类型的变量或对象，可以通过一个共同的名称来引用，数组中的每一个元素可以通过数组名的下标来访问，数组有一维数组和多维数组。

(1)一维数组。

一维数组本质上是相同类型的变量或对象的一个列表，一维数组一般的定义方式如下：

```
type arrayname[];
```

例如，定义一个长度为 10 的整型数组：

```
int a[] = new int[10];
```

也可采用如下方式定义：

```
int[] a = new int[10];
```

(2)多维数组。

有时需要在 Java 中表示一张表或一个空间上的若干个点，这就需要用到多维数组。多维数组实际上就是数组的数组，例如一个二维数组实际相当于一个特殊的一维数组，数组中的每一个元素又可看做是一个一维数组。本节主要以二维数组为例说明多维数组，维数高于二的数组与二维数组类似。

二维数组的定义方式如下：

```
type arrayname[][];
```

例如，下面定义一个二维数组：

```
int a[][] = new int[4][5];
```

也可采用如下方式定义：

```
int[][] a = new int[4][5];
```

声明一个二维数组后，我们就可以对数组中的各变量赋值：

```
for(int i=0 ; i<4 ; i++){
  for(int j=0 ; j<5 ; j++){
      a[i][j] = i + j;
  }
}
```

上述语句中，将 a[i][j]数组中的值赋为两个下标之和。

还可以为二维数组的低维分配不同的空间，如下所示：

```
int b[][] = new int[3][];
b[0] = new int[3];
b[1] = new int[8];
b[2] = new int[6];
```

实验一　常量、变量和表达式

一、实验目的

1. 编写一个声明 Java 不同数据类型变量的程序。

2. 编写一个使用运算符、表达式、变量的程序。

3. 编写表达式语句、复合语句的程序。

二、实验内容

本实验由五个练习组成：

练习一：常量、变量和表达式。

练习二：编写声明不同数据类型变量。

练习三：使用关系运算符和逻辑运算符。

练习四：使用表达式语句与复合语句。

练习五：综合编程。

练习一：常量、变量和表达式

实验步骤：

(1)启动 Eclipse 集成开发环境。

(2)点击“文件”→“新建”→“项目”，选择“Java 项目”。

(3)输入项目名：Ch02，然后点击“完成”。

(4)点击“文件”→“新建”→“类”。

(5)输入类名称：Test，勾选 public static void main(String[]args)方法，点击“完成”。

(6)在 Test 类的 main()方法中根据下面描述定义变量或常量，并将它们赋值为你的个人相关信息，然后将这些信息打印出来：

学号、姓名、性别、年龄、地址、是否单身、每个月的伙食费

提示：变量的数据类型可以从 int、long、float、double、char、boolean、String 中选取，其中 string 表示字符串。

(7)接着上面继续输入下面的代码：

```
int a=10,b=3,c=4,d=5,x;
x=a-b-c-d;                    x 的值为：
x=a+b/c*d;                    x 的值为：
```

x=a+(b−c)%d;　　　　　　　x 的值为：
x=(a+b) * c+d%2;　　　　　　x 的值为：
boolean y=(a>b)&&! (3 * c<=20);　y 的值为：

请根据运行结果将每次的 x 或 y 值写出来，并在每个表达式下面标出各运算符的计算顺序，用 1、2、3、4…表示。

参考代码如下：

程序清单 2-1

```
public class Test {

  /**
   * @param args
   */
public static void main(String[] args) {
    // TODO Auto-generated method stub
    int number = 28;
    String name = "张伟";
    char sex ='男';
    int age = 20;
    String addr ="浙江省湖州市";
    boolean love =true;
    double money = 1300;
    System.out.println("我的学号:"+number);
    System.out.println("我的姓名:"+name);
    System.out.println("我的性别:"+sex);
    System.out.println("我的年龄:"+age);
    System.out.println("我的地址:"+addr);
    System.out.println("是否单身:"+love);
    System.out.println("月支出:"+money);

    int a=10,b=3,c=4,d=5,x1,x2,x3,x4;
    x1=a-b-c-d;
    System.out.println(" x=a-b-c-d\t\tx 的值为:"+x1);
    x2=a+b/c * d;
    System.out.println(" x=a+b/c * d\t\tx 的值为:"+x2);
    x3=a+(b-c)%d;
```

```
      System.out.println("x=a+(b-c)%d\t\tx的值为:"+x3);
      x4=(a+b)*c+d%2;
      System.out.println("x=(a+b)*c+d%2\t\tx的值为:"+x4);
      boolean y=(a>b)&&!(3*c<=20);
      System.out.println("y的值为:"+y);
    }
  }
```

练习二:编写声明不同数据类型变量

实验步骤:

在项目 Ch02 中,创建如下源代码,编译并运行程序。

(1)编写程序文件 Example2_1.java。

参考源代码如下:

程序清单 2-2

```
public class Example2_1{
  public static void main(String[] args){
    byte b=0x55;
    short s=0x55ff;
    int i=1000000;
    long l=0xfffL;
    char c='c';
    float f=0.23F;
    double d=0.7E-3;
    boolean bool=true;
    String Str ="这是字符串数据类型";
    System.out.println("字节型变量 b="+b);
    System.out.println("短整形变量 s="+s);
    System.out.println("整型变量 i="+i);
    System.out.println("长整型变量 l="+l);
    System.out.println("字符型变量 c="+c);
    System.out.println("浮点型变量 f="+f);
    System.out.println("双精度变量 d="+d);
    System.out.println("布尔型变量 bool="+bool);
    System.out.println("字符串类对象 Str=" + Str);
  }
}
```

(2)编译并运行该程序，结果如图 2-1 所示。

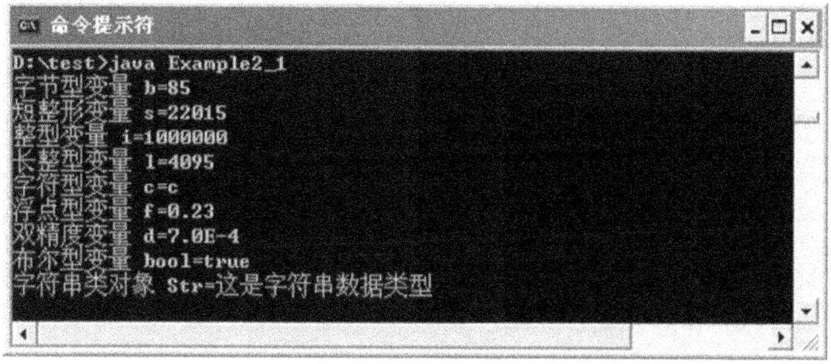

图 2-1　声明不同类型变量的运行结果

练习三：使用关系运算符和逻辑运算符

实验步骤：

在项目 Ch02 中，创建如下源代码，编译并运行程序。

(1)建立使用关系运算符 Example2_2.java 和逻辑运算符 Example2_3.java 的程序文件。

参考源代码如下：

程序清单 2-3

```
//Java 中关系运算符的使用
public class Example2_2{
public static void main(String[] args){
    int a=9;
    int b=6;
    int c=6;
    boolean d=a<b;        //false
    boolean e=a>b;        //ture
    boolean f=b==c;       //ture
    boolean g=b! =c;      //false

    f=(b==c)||(a<b);      //ture
    g=(b==c)&&(a<b);      //false
    System.out.println("d="+d);
    System.out.println("e="+e);
    System.out.println("f="+f);
```

```
        System.out.println("g="+g);
    }
}

//Java 中逻辑运算符的使用
public class Example2_3{
public static void main(String[] args){
        int a=9;
        int b=6;
        int c=6;
        boolean d,e,f,g;
        d=! (a<b);                  //ture
        e=(a<b)&&(a>c);             //false
        f=(b==c)||(a<b);            //ture
        g=(b==c)&&(a<b);            //false
        boolean h=b>=c;         //ture
        boolean i=b<=c;         //ture
        boolean j=a==b;         //false
        System.out.println("d="+d);
        System.out.println("e="+e);
        System.out.println("f="+f);
        System.out.println("g="+g);
        System.out.println("h="+h);
        System.out.println("i="+i);
        System.out.println("j="+j);
    }
}
```

(2)编译并运行该程序,结果如图 2-2(a)和图 2-2(b)所示。

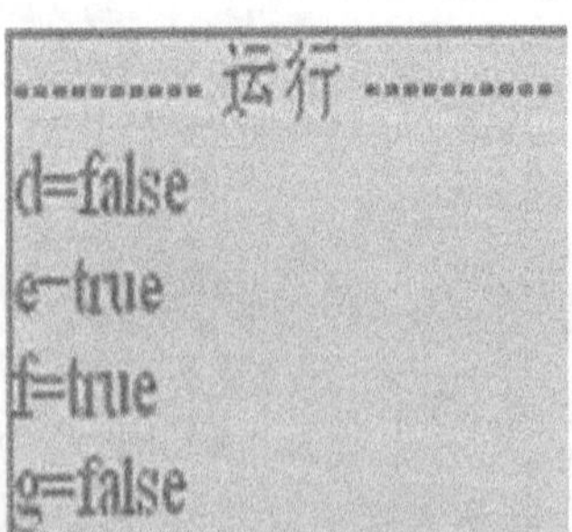

图 2-2(a)　关系运算

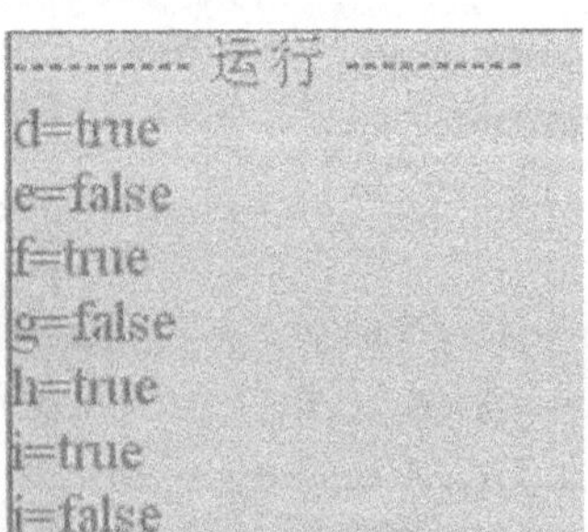

图 2-2(b)　逻辑运算

练习四:使用表达式语句与复合语句

实验步骤:

在项目 Ch02 中,创建如下源代码,编译并运行程序。

(1)建立包含表达式语句程序,源代码如下。

```
class Example2_4{
public static void main(String[] args) {
  int k, i=3, j=4;
  k=20*8/4+i+j*i; System.out.println("表达式(20*8/4+i+j*i)="+
  k);
  }
}
```

(2)建立包含复合语句程序,源代码如下。

```
class Example2_5{
    public static void main(String args[]) {
    int k, i=3, j=4;
    k=i+j;
    System.out.println("在复合块外的输出    k="+k);
    {
      float f; f=j+4.5F; i++;
      System.out.println("在复合块内的输出    f="+f);
      System.out.println("在复合块内的输出    k="+k);
      }
      System.out.println("在复合块外的输出    i="+i);
  }
}
```

(3) 编译并运行上述两个源程序,结果如图 2-3、2-4 所示。

```
表达式(20*8/4+i+j*i)=55

输出完成 (耗时 0 秒) - 正常终止
```

图 2-3　运行结果

```
在复合块外的输出  k=7
在复合块内的输出  f=8.5
在复合块内的输出  k=7
在复合块外的输出  i=4

输出完成 (耗时 0 秒) - 正常终止
```

图 2-4　运行结果

练习五:综合编程

实验步骤:

在项目 Ch02 中,创建如下源代码,编译并运行程序。

(1) 编写一个程序,从键盘输入英里数,计算换算后的千米数,然后打印到屏幕上。(注:1 英里等于 1.60935 千米)

步骤:

①启动 Eclipse 集成开发环境,在前面的 Ch02 项目中再新建一个类MileConvert,并勾选 main()方法。

如果项目 Ch02 不存在,则需要重新创建;或者如果有原来保存 Ch02 的项目,则也可从保存 Ch02 项目的位置将其导入 Eclipse 中。

②从键盘输入数据,可参考使用下面()的代码:

```
import java.util.Scanner;
Scanner sc=new Scanner(System.in);
int x=sc.nextInt();
double y=sc.nextDouble();
```

(2) 再编写一个程序,从键盘输入一个总秒数,然后把该时间以时、分、秒的形式打印出来。如 9999 秒等于 2 小时 46 分 39 秒。

步骤:

①启动 Eclipse 集成开发环境,在 Ch02 项目中再新建一个类 TimeCalc,并勾选 main()方法。

②根据小时与秒的对应关系计算出小时数,再将剩余的秒数计算出分钟数,依次类推。提示:计算中要使用整除和求余操作符(/和%)。

参考代码如下:

程序清单 2-4

```
import java.util.Scanner;
public class MileConvert {

        /**
         * @param args
         */
    public static void main(String[] args) {
        // TODO Auto-generated method stub
        Scanner in=new Scanner(System.in);
```

```
        System.out.println("请输入你需要转换的距离(英里):");
        double yingLi=in.nextDouble();
        System.out.println("转换后的公里数为:");
        double gongLi=1.60935 * yingLi;
        System.out.println(gongLi);
    }
}
import java.util.Scanner;
public class TimeCalc {

    /**
     * @param args
     */
    public static void main(String[] args) {
        // TODO Auto-generated method stub
        Scanner in=new Scanner(System.in);
        System.out.println("请输入你需要转换的时间(秒):");
        int time=in.nextInt();
        System.out.println("转换后的时间为:");
        int a=(time/3600);
        int b=(time%3600/60);
        int c=(time-3600 * a-60 * b);
        System.out.println(a+"时"+b+"分"+c+"秒");
    }
}
```

三、上机思考题

1. 如果某些代码在运行时无法在屏幕上直接看到结果,请问怎样才能知道计算结果?(提示:使用 System.out.println()语句,或者利用 Eclipse 的调试功能)

2. 使用 Java 定义一个常量 PI,其值为 3.1415926,请写出代码。

3. 下列代码包含了哪些错误,请指出来,然后改正。(如果不能确定,请将下列代码输入 main()方法中,看看 Eclipse 会帮助你提示什么信息)

```
String name=1000;
final MAX_SIZE=64;
int static=20;
```

4. 试着在程序中设置一个断点，然后使用 Eclipse 的单步调试功能看看程序代码是如何一步步被执行的，如何在代码执行过程中查看各变量的值。

5. 不同类型的变量在相互赋值时，什么情况下需要进行强制类型转换？请举一个例子予以说明。

实验二　使用选择语句

一、实验目的

1. 了解程序设计的常用结构：顺序和条件。

2. 编写使用不同选择结构的程序，并根据具体条件灵活使用。

二、实验内容

本实验由四个练习组成：

练习一：使用条件表达式语句 if-else。

练习二：使用 switch-case 结构替换 if-else 条件结构。

练习三：使用 if-else 语句构造多分支。

练习四：使用 switch 语句编写程序。

练习一：使用条件表达式语句 if-else

实验步骤：

在项目 Ch02 中，创建源代码，编译并运行程序。

(1)如果身高低于 1.2 米，则不需要买火车票。(样例)

```
If(height<1.2){ //height 是 double 类型
  System.out.println("不需要买火车票");}
}
```

(2)如果身高低于 1.2 米，则不需要买火车票；如果身高介于 1.2 米至 1.4 米，则需要购买半价票；如果身高高于 1.4 米，则需要购买全价票。

(3)如果智育排名和德育排名均在前两名，则可以获得特等奖学金。

(4)如果你生重病了，或者你三天都没吃饭，则可以不来上课。

(5)描述下述条件语句的含义：

```
if((a<3)&&! (b%8>4))
  System.out.println(a+b);
```

练习二：使用 switch-case 结构替换 if-else 条件结构

实验步骤：

在项目 Ch02 中，创建源代码，编译并运行程序。

将下列 switch-case 结构改写为等价的 if-else 条件结构。

```
Switch(ch) {
case 'A':
    System.out.println("向左移动");
    break;
case 'D':
    System.out.println("向右移动");
    break;
case 'W':
    System.out.println("向上移动");
    break;
case 'S':
    System.out.println("向下移动");
    break;
}
```

练习三：使用 if-else 语句构造多分支

实验步骤：

在项目 Ch02 中，创建源代码，编译并运行程序。

(1)程序功能：使用 if-else 语句构造多分支，判断某一年是否为闰年。闰年的条件是符合下面两者之一：能被 4 整除，但不能被 100 整除；能被 4 整除，又能被 400 整除。

(2)编写源程序文件。

参考代码如下：

程序清单 2-5

```
public class Example2_6 {
  public static void main(String args[]) {
    boolean leap;
    int year=2005;

    if ((year%4==0 && year%100! =0) || (year%400==0))     // 方法 1
      System.out.println(year+" 年是闰年");
```

```
        else
          System.out.println(year+" 年不是闰年");
        year=2008;      // 方法 2
        if (year%4! =0) leap=false;
        else if (year%100! =0)
          leap=true;
        else if (year%400! =0)
          leap=false;
        else leap=true;
        if (leap==true)
          System.out.println(year+" 年是闰年");
        else
          System.out.println(year+" 年不是闰年");
        year=2050;      // 方法 3
        if (year%4==0) {
          if (year%100==0) {
          if(year%400==0)
          leap=true;
        else
          leap=false;
        }
        else leap=true;
      }
      else leap=false;
      if (leap==true)
        System.out.println(year+" 年是闰年");
      else
        System.out.println(year+" 年不是闰年");
      }
    }
```

(3)编译运行程序,其结果如图 2-5 所示。

```
2005 年不是闰年
2008 年是闰年
2050 年不是闰年

输出完成 (耗时 0 秒) - 正常终止
```

图 2-5　运行结果

练习四:使用 switch 语句编写程序

实验步骤:

在项目 Ch02 中,创建源代码,编译并运行程序。

(1)程序功能:在不同温度时显示不同的解释说明。

(2)编写源程序。

参考程序源代码如下:

程序清单 2-6

```
class Example2_7{
    public static void main(String args[]) {
  int c=38;
switch (c<10? 1 : c<25? 2 : c<35? 3 : 4) {
  case 1:
    System.out.println(" "+c+"℃ 有点冷。要多穿衣服。");
  case 2:
    System.out.println(" "+c+"℃ 正合适。出去玩吧。");
  case 3:
    System.out.println(" "+c+"℃ 有点热。");
  default:
    System.out.println(" "+c+"℃ 太热了! 开空调。");
  }
 }
}
```

(3)编译运行程序,其结果如图 2-6 所示。

```
---------- 运行 ----------
 38℃ 太热了!开空调。

输出完成 (耗时 0 秒) - 正常终止
```

图 2-6　运行结果

三、上机思考题

1. 编程输入学生的学习成绩的等级，给出相应的成绩范围。设 A 级为 85 分以上（包括 85 分），B 级为 70 分以上（包括 70 分），C 级为 60 分以上（包括 60 分），D 级为 60 分以下。分别使用 if 语句和 switch 语句实现。

2. 假定有一个整型变量 x，要判断 x 的值是否等于 20，然后再打印 x 的值，请指出下面代码中包含的错误：

```
If(x=20)
        System.out.println(x);
else{
System.out.println(" x 的值大于 20 ");
};
```

3. if 条件表达式的计算结果必须是什么数据类型，可否是其他数据类型？思考一下使用“if(a-3)”作为条件判断，其中 a 是一个整型变量。

实验三　使用循环语句

一、实验目的

1. 编写使用不同循环结构的程序。
2. 能使用循环解决实际问题。

二、实验内容

本实验由六个练习组成：

练习一：使用 for 循环。

练习二：使用 while 循环。

练习三：使用 do-while 循环。

练习四：综合编程 1。

练习五：综合编程 2。

练习六：多重循环练习。

练习一：使用 for 循环

实验步骤：

在项目 Ch02 中，创建源代码，编译并运行程序。

(1)在 Ch02 项目中再新建一个 TestFor 类，并勾选 main()方法。

(2)在 TestFor 类的 main()方法中输入下面的代码，先试着分析一下这些代码存在什么问题，然后修改正确运行一下，看看实际结果。

```
for(int i=200,i>-10;i+=2){
    if(i%5! =0)
        System.out.println(i);
}
```

(3)上面这个循环实际上也是一个死循环，你是否能看出问题在哪里，请修改使代码能正常运行。

(4)编写程序：按 5 度的增量打印出一个从摄氏温度到华氏温度的转换表。

参考程序源代码如下：

程序清单 2-7

```
class Example2_8{
  public static void main (String args[]) {
  int h,c;
  System.out.println("摄氏温度   华氏温度");
  for (c=0; c<=40; c+=5) {
    h=c * 9/5+32;
    System.out.println("      "+c+"      "+h);
  }
 }
}
```

(5)编译并运行程序，其结果如图 2-7 所示。

```
0          32
5          41
10          50
15          59
20          68
25          77
30          86
35          95
40          104
```

图 2-7　运行结果

练习二:使用 while 循环

实验步骤:

(1)启动 Eclipse 集成开发环境。

(2)在项目 Ch02 中,点击"文件"→"新建"→"类"

(3)输入类名称:TestWhile,勾选 public static void main(String[])方法,点击"完成"。

(4)在 TestWhile 类的 main()方法中输入下面代码,先试着分析一下这些代码在运行时会出现什么问题,然后运行一下看看实际结果是什么样子。

```
int num=1,max=20;
While(num<max){
    System.out.println(num);
    if(num %2==0)
        break;
}
```

(5)上面这个循环实际上是一个死循环(因为在循环体中没有改变循环条件的操作),请修改使代码能正常运行。

(6)编写 while 程序:运行程序后从键盘输入数字 1/2/3 后,可显示抽奖得到的奖品;如果输入其他数字或字符,显示"没有奖品给你!"。

参考程序源代码如下:

程序清单 2-8

```
import java.io.*; class Example2_9 {
  public static void main(String args[]) throws IOException {
      char ch;
    System.out.println("按 1/2/3 数字键可得大奖! ");
    System.out.println("按空格键后回车可退出循环操作.");
    while ((ch=(char)System.in.read())! =' ')
    { System.in.skip(2);      // 跳过回车键
    switch (ch) {
      case '1': System.out.println("恭喜你得大奖,一辆汽车! "); break;
      case '2':
    System.out.println("不错呀,你得到一台笔记本电脑! ");
    break;
  case '3': System.out.println("没有白来,你得到一台冰箱! "); break;
  default:
```

```
            System.out.println("真不幸,你没有奖品! 下次再来吧。");
          }
        }
      }
    }
```

(7)编译源程序。

(8)在命令提示符窗口运行程序,然后分别按 1、2、3、r ,结果如图 2-8 所示。

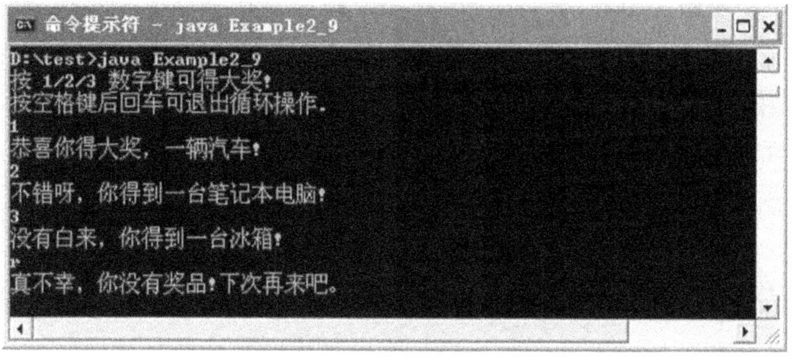

图 2-8　运行结果

练习三:使用 do-while 循环

使用 do-while 循环,求 1+2+…+100 之和,并将求和表达式与所求的和显示出来。

实验步骤:

在项目 Ch02 中,创建源代码,编译并运行程序。

(1)编写源程序。

参考程序源代码如下:

程序清单 2-9

```
class Example2_10 {
public static void main(String args[]) {
    int n=1, sum=0;
    do {
        sum+=n++;
    }
    while (n<=100); System.out.println(" 1+2+...+100 ="+sum);
  }
}
```

(2)编译并运行程序,结果如图 2-9 所示。

```
---------- 运行 ----------
1+2+...+100 =5050

输出完成 (耗时 0 秒) - 正常终止
```

图 2-9 运行结果

练习四:综合编程 1

编写一个程序,从键盘循环输入 10 个数,求出其中最大的那个数。

实验步骤:

在项目 Ch02 中,创建源代码,编译并运行程序。

(1)启动 Eclipse 集成开发环境,在 Ch02 项目中再新建一个类 CountMax,并勾选 main()方法。

(2)从键盘输入数,可参考使用下面的代码。

```
import java.util.Scanner;
Scanner sc=new Scanner(System.in);  //这句在循环之外

for(int i=0;i<10;i++){
  int x=sc.nextInt();
  ...
}
```

练习五:综合编程 2

编写一个程序来模拟老虎机。

方法:随机产生 3 个 0—9 之间的随机整数,如果这三个数中有两个相同,或者三个数都相同,则输出“我赢了”,否则输出“计算机赢了”。如果产生的三个随机数都是 0,游戏结束。

实验步骤:

(1) 启动 Eclipse 集成开发环境,在 Ch03 项目中再新建一个类 Tiger,并勾选 main()方法。

(2)使用 Math.random()可产生[0,1)之间的随机小数。提示:Math.random()乘以 10 就得到一个[0,10)之间的随机小数,再强制转换为整数就得到了 0—9 之间的数。

提示:因为循环次数不易算出,使用 while 循环较好。

练习六:多重循环练习

输出九九乘法表的程序。

实验步骤:

在项目 Ch02 中,创建源代码,编译并运行程序。

(1) 创建源代码。

参考代码如下:

程序清单 2-10

```
public class Example2_11
{
public static void main(String args[])
  {
  int i,j,n=9;
  System.out.print("      *      |");
  for (i=1;i<=n;i++)
    System.out.print("     "+i);
    System.out.print("\n---|");

    for (i=1;i<=n;i++)
    System.out.print("---");
    System.out.println();
  for (i=1;i<=n;i++)
  {
    System.out.print("     "+i+"      |");
    for (j=1;j<=i;j++)
    System.out.print("     "+i*j);
    System.out.println();
  }
  }
}
```

(2)编译并运行程序,结果如图 2-10 所示。

```
--------|------------------------------------------
1       | 1
2       | 2  4
3       | 3  6  9
4       | 4  8  12  16
5       | 5  10  15  20  25
6       | 6  12  18  24  30  36
7       | 7  14  21  28  35  42  49
8       | 8  16  24  32  40  48  56  64
9       | 9  18  27  36  45  54  63  72  81
```

图 2-10 运行结果

三、上机思考题

1. 分别使用 while、do-while 和 for 语句编程，找出所有的水仙花数并输出。水仙花数是三位数，它的各位数字的立方和等于这个三位数本身，例如：371＝27＋343＋1，371 就是水仙花数。

2. 由用户输入一个整数，由程序判断是否为素数，并给出结果。或由用户输入一个范围，程序列出该范围内的全部素数。

实验四 数 组

一、实验目的

掌握数组的定义、访问和排序方法，并能定义和使用简单的二维数组。

二、实验内容

1. 数组的定义、初始化和引用

实验步骤：

在项目 Ch02 中，创建源代码，编译并运行程序。

(1)创建源代码。

参考源代码如下：

程序清单 2-11

```
public class Example2_12{
  public static void main(String[] args){
    int a[][]={
        {1,3,5},
        {2,4,6,8},
        {1,4,9,16,25,36},
        {10,20,30},
  };
  for (int i=0;i<a.length;i++){
    System.out.println("a["+i+"]"+":");
    for (int j=0;j<a[i].length;j++){
      System.out.println("a["+i+"]["+j+"]="+a[i][j]);          }
    }
  }
}
```

(2)编译并运行程序,结果如图 2-11 所示。

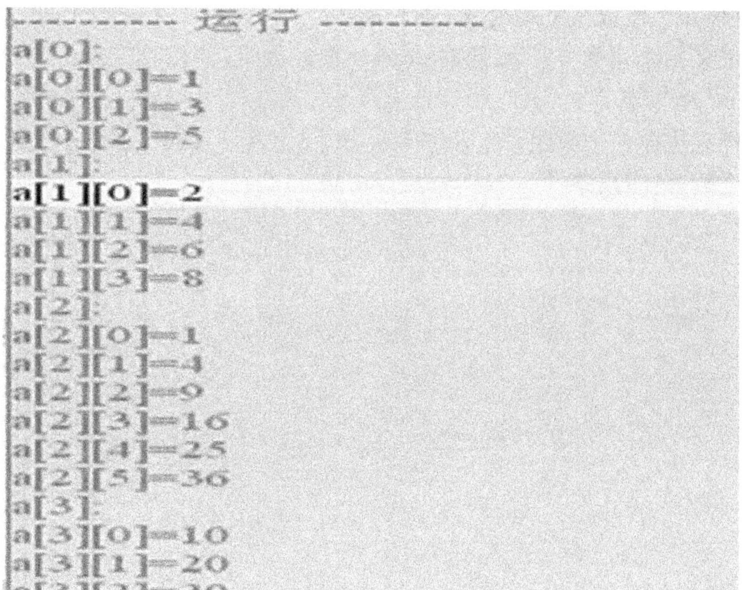

图 2-11　运行结果

2. 利用数组解决问题

请定义一个包含10个元素的整型数组，并从键盘循环输入10个数存放到这个数组中，然后对这个数组进行排序，并输出排序后的结果。

实验步骤：

在项目Ch02中，创建源代码，编译并运行程序。

(1)启动Eclipse集成开发环境。

(2)在项目Ch02中，点击“文件”→“新建”→“类”。

(3)输入类名称：TestArray，勾选public static void main(String[]args)方法，点击完成。

(4)在Test类的main()方法中输入解决问题的代码。

提示：先使用for循环从键盘输入10个整数(如何输入整数请参考本章实验三练习四)，然后调用java.util.Arrays.sort()方法完成数组元素的排序。其中“java.util”是java定义的一个标准包名，Arrays是“java.util”包中的一个类，sort()是Arrays类中的一个static方法。

三、上机思考题

1. 编写一程序，随机生成5个不大于100的整数存入一数组，计算该数组的平均值，输出该5个整数及平均值。

2. 请定义一个包含5个元素的double型的数组，然后再定义一个包含3行4列的二维int型数组。

3. 假定有这样一个数组：int[]a=new int[]{3,1,−2,5}，如何用代码求得该数组的元素个数，请写出来。

第三章　Java 面向对象程序设计——类和对象

类是构造面向对象程序的基本单位，是抽取了同类对象的共同属性和方法形成的对象或实体的模板；而对象是现实世界中实体的描述，对象要创建才存在，有了对象才能对对象进行操作。本章主要从如下几个方面做了介绍：类和对象、方法定义和方法调用、方法重载、修饰符、类变量和类方法。

预备知识

1. 类和对象

类是 Java 中最基本的一种复合数据类型，它封装了类对象的属性和方法，是一个对象的模板。创建一个新的类，就相当于创建了一种新的数据类型。通过实例化一个类，我们可以得到该类的一个对象。

类有两种基本的组成部分：变量和方法。类的变量又称为成员变量，它可以是基本类型的数据或数组，也可以是其他类的对象。类的方法又称为一个类的成员方法，Java 中的方法相当于其他语言中的函数，但它和函数还有一定的区别，方法只能是类的成员，只能在类中定义，不能在类外定义；调用一个类的成员方法实际上是对象之间的消息传递。

使用构造函数可以创建对象，构造函数有如下特点：

①构造函数名和类名相同。

②构造函数可以有多个参数，也可以没有。

③构造函数只能和 new 关键字一起调用。

④构造函数没有返回值。

2. 方法定义和方法调用

方法定义一般包括两部分内容：方法声明和方法体，其一般形式如下：

```
type methodname(parameter list){
    method body;
}
```

其中 type 是指方法的返回类型，type 可以是任意的 Java 类型。如果一个方法没有返回值，则这一方法的返回类型为 void，如 student 类中的成员方法 getNo()、getName()和 getDepartment()等。

在方法的定义中 parameter list 是指方法的参数列表，这些参数列表主要是为方法的实现提供信息，参数的类型可以是简单的数据类型，也可以是引用数据类型如数组、对象、接口等。

方法体是方法的实现。方法体中可以声明方法中所需的局部变量，其作用域仅在方法内部，当方法返回时，局部变量将自动被 Java 中的垃圾回收机制回收。局部变量名一般由小写字母和下划线组成，如果局部变量名和类中的成员变量的名字相同，则类中的成员变量被隐藏。

上面介绍了方法的定义，下面介绍如何调用方法。调用方法时必须要注意的是：方法是属于某个对象或类，调用方法要通过对象和类来进行，如果是调用实例方法，则必须创建对象。

Java 中调用方法一般有两种形式，一种是将方法调用作为一个表达式，另一种是将方法调用作为一个表达式语句。

对于有返回值的方法，方法调用一般作为表达式的一部分，如下所示：

```
String no1 = student.getNo();
```

而对于 type 为 void 的方法，可以将方法作为一个表达式语句，如输出语句：

```
System.out.println("Hello World!");
```

3. 方法重载

方法重载是指多个方法具有相同的方法名，但参数列表不同。当调用方法时，编译器将会根据参数的个数和类型寻找与参数的个数、类型相匹配的方法。方法重载是 OOP 多态性的具体表现，为用户使用这些方法提供了方便。

4. 修饰符

修饰符一般位于类、成员变量和成员方法定义之前，用于声明类、成员变量和成员方法的属性，常用的修饰符有 public、protected、friendly、private、static 和 final 等。

封装把数据和操作它的代码连接到了一起，封装也提供了另外一个重要的属性：访问控制。通过访问控制，可以控制程序访问类或类成员，防止误用的情况发生。

如何访问类的成员是由类成员的访问修饰符来决定的，访问修饰符包括public、protected、friendly 和 private。当利用 public 修饰符修饰一个类成员时，该成员可以被任何其他代码访问；当利用 protected 修饰一个类成员时，该成员可以被同一包内的任何其他代码访问；friendly 修饰符是缺省修饰符，它修饰一个类成员时，该成员只能被这个成员所属的类及其子类访问；private 修饰一个类成员时，该类成员只能被这个成员所属的类中的代码访问。

5. 类变量和类方法

static 既可以用来修饰成员变量，也可以用来修饰成员方法。

(1)类变量。

一般情况下，类的成员变量必须通过创建类的实例来访问，每个对象都有自己的成员变量，但有时希望在类中有一个变量可以为各个对象所共享。为了创建这样的变量，只需用关键字 static 声明即可，这样的变量称为类变量(class variable)，以便与成员变量或实例变量区分开来。

类变量一般标记为 public 或 private。如果类变量标记为 public 而没有该类的实例，则可以在该类的外部直接访问。

(2)类方法。

类方法和类变量相似，类方法是全局方法，它可以不需创建对象而直接调用。

实验一　类的定义和对象创建

一、实验目的

1. 理解类的定义。
2. 掌握对象的声明。
3. 学会使用方法初始化对象。
4. 能够独立编写体现面向对象思想的程序。

二、实验内容

本实验由四个练习组成：

练习一：类的定义和对象创建。

练习二：创建 Applet 应用小程序。

练习三：创建对象并使用对象。

练习四:编写显示当前日期和时间的程序。

练习一:类的定义和对象创建

请定义一个描述矩形的类。先分析一下矩形的属性,然后把这些属性作为矩形类的成员变量。接下来在矩形类中再定义一个构造方法,在构造方法中设置矩形各属性的值。最后创建一个测试类,测试一下矩形对象的生成是否正确。

实验步骤:

(1)启动 Eclipse 集成开发环境。

(2)点击“文件”→“新建”→“项目”,选择“项目”。

(3)输入项目名:Ch03,然后点击完成。

(4)点击“文件”→“新建”→“类”。

(5)输入类名称:Rect,然后直接点击完成。

(6)在 Rect 类中将矩形包含的属性定义为成员变量。请将成员变量列写在下面横线上:

---

(7)在 Rect 类中定义一个构造方法,并在构造方法中设置 Rect 类成员变量的值。注意设置的值应该合理。请将构造方法定义写在下面:

参考代码如下:

程序清单 3-1

```
public class Rect {
  public int chang;
  public int kuan;

  public Rect(int chang,int kuan){
    this.chang=chang;
    this.kuan=kuan;
  }
}
```

(8)点击“文件”→“新建”→“类”。

(9)输入类名称:Test,勾选 public static void main(String[]args)方法,点击“完成”。

(10)在 Test 类的 main()方法中创建两个 Rect 类的对象,代表两个真实的矩形,然后修改第一个矩形对象的属性值,接下来把两个矩形对象的属性全部打印出来。

参考代码如下：

程序清单 3-2

```
public class Test {
  /**
   * @param args
   */
public static void main(String[] args) {
    // TODO Auto-generated method stub
    Rect a1=new Rect(3,6);
    Rect a2=new Rect(5,8);
    System.out.println("矩形 a1 的长为:"+a1.chang+"宽为:"+a1.kuan);
    System.out.println("矩形 a2 的长为:"+a2.chang+“宽为:"+a2.kuan);
  }
}
```

练习二:创建 Applet 应用小程序

建立一个 Applet 小程序,使其可以进行简单的加法运算。该程序要包含类、接口、属性、方法、事件等面向对象的基本元素。

实验步骤:

在项目 Ch03 中,创建源代码,编译并运行程序。

(1)参考程序源代码如下。

程序清单 3-3

```
import java.awt.*;
import java.awt.event.*;
import java.applet.Applet;

public class Example3_1 extends Applet implements ActionListener
  { Label label1=new Label("+");
  Label label2=new Label("=");
  TextField field1=new TextField(6);
  TextField field2=new TextField(6);
  TextField field3=new TextField(6);
  Button button1=new Button("相加");
  public void init() {     // 初始化
  add(field1); add(label1); add(field2); add(label2); add(field3); add(button1);
```

```
    button1.addActionListener(this);
  }
  public void actionPerformed(ActionEvent e) {       // 处理按钮事件
    int x=Integer.parseInt(field1.getText())+Integer.parseInt(field2.getText());
    field3.setText(Integer.toString(x));      // 数值转换为字符串
    }
  }
```

(2)编写一个浏览 Applet 应用程序的页面文件 Example3_1.HTML,源代码如下。

```
<html>
<applet code=" Example3_1.class "    height=200    width=400>
</applet>
</html>
```

(3) 将 Example3_1.java 源程序编译为 Example3_1.class 文件。

(4) 使用浏览器或使用小程序查看器浏览 Example3_1.HTML 文件,即在命令提示符窗口输入:appletviewer Example3_1.HTML。

练习三:创建对象并使用对象

编写 Applet 程序,这个 Applet 程序要在页面上输出两个矩形,并伴有文字输出。

实验步骤:

在项目 Ch03 中,创建源代码,编译并运行程序。

(1)参考程序源代码如下。

程序清单 3-4(Example3_2)

```
import java.awt.*;
import java.applet.Applet;
public class Example3_2 extends Applet
  { MyBox b1=new MyBox();  //创建对象 b1
    MyBox b2=new MyBox(170,20,60,60);  //创建对象 b2
    public void paint(Graphics g)
    { b1.setPosition(20,20);
    b1.setSize(60,60);
    b1.draw(g);
    g.drawString("矩形 1 的 X 位置: "+b1.getX(),20, 100);
```

```
        g.drawString("矩形 1 的 Y 位置："+b1.getY(),20, 120);
        b2.draw(g);
        g.drawString("矩形 2 的 X 位置："+b2.getX(), b2.getX(), b2.getY()+80);
        g.drawString("矩形 2 的 Y 位置："+b2.getY(), b2.getX(), b2.getY()+
100);
    }
}
class MyBox {
    private int x, y, width, height;
    MyBox() {
        x=0;
        y=0;
        width=0;
        height=0;
    }
    MyBox(int xPos, int yPos, int w, int h) {
        x=xPos; y=yPos;
        width=w; height=h;
    }
public void setPosition (int xPos, int yPos) {
    x=xPos;
    y=yPos;
    }
    public void setSize (int w, int h) {
        width=w;
        height=h;
    }
    public int getX() {
        return x;
    }
    public int getY() {
        return y;
    }
    public void draw(Graphics g) {
        g.drawRect(x, y, width, height);
    }
}
```

(2)编写一个浏览 Applet 应用程序的页面文件 Example3_2. HTML。

```
<html>
<applet code=" Example3_2.class "      height=200      width=400>
</applet>
</html>
```

(3) 将 Example3_2. java 源程序编译为 Example3_2. class 文件。

(4) 使用浏览器或使用小程序查看器浏览 Example3_2. HTML 文件，即在命令提示符下输入：

```
appletviewer Example3_2. HTML。
```

练习四：编写显示当前日期和时间的程序

该程序通过使用一个自定义类 Time，实现显示当前日期和时间的功能。

实验步骤：

在项目 Ch03 中，创建源代码，编译并运行程序。

(1)创建源代码。

参考源程序如下：

程序清单 3-5(Example3_3. java)

```
import java.awt.Graphics;
import java.applet.Applet;
import java.util.Calendar;
class Time {
private Calendar t;
private int y, m, d, hh, mm, ss;
Time(){
  t=Calendar.getInstance();
  y=t.get(t.YEAR);
  m=t.get(t.MONTH)+1;
  d=t.get(t.DATE);
  hh=t.get(t.HOUR_OF_DAY);
  mm=t.get(t.MINUTE);
  ss=t.get(t.SECOND);
}
public String getDate() {
  return y+" 年"+m+"月"+d+"日";
}
```

```
    public String getTime() {
        String s=hh+" 时"+mm+"分"+ss+"秒";
        return s;
    }
}

public class Example3_3 extends Applet {
    Time t=new Time();
    public void paint(Graphics g) { g.drawString("当前日期:"+t.getDate(),50,40);
    g.drawString("当前时间:"+t.getTime(),50,80);
    }
}
```

(2)编写浏览 Example3_3 类的页面文件 Example3_3.html。

```
<html>
<applet codebase=e:/java/程序 code= Example3_3.class width=300 height=120>
</applet >
</html>
```

(3)在浏览器中浏览程序运行结果。

三、上机思考题

1. 当定义好 Rect 类之后,请问此时是否存在矩形对象?

2. 在 Rect 类中添加了成员变量后,这些成员变量是否真实存在?

3. 在 Test 类的 main()方法中创建两个矩形对象后,这两个矩形对象都有什么内容,它们的值是否一样,为什么?

4. 定义一个类 MyValue,其中包括:用 Value 来保存一属性值;方法 setValue 设置 Value,方法 getValue 获取 Value,定义一个类 UseValue,在该类的 main 方法里面完成如下功能:创建一个 MyValue 类的对象 MyValue;为 MyValue 对象中的 Value 赋值 10;使用 getValue 方法获得 MyValue 对象中的数据并在屏幕上输出。

实验二　方法定义和调用

一、实验目的

1. 理解和使用类的方法。

2.熟练创建对象和使用对象的方法的程序。

二、实验内容

本实验由三个练习组成：

练习一：方法定义和调用。

练习二：方法中参数传递。

练习三：编写一个调用对象方法的程序。

练习一：方法定义和调用

实验步骤：

(1)在 Ch03 项目中再新建一个类 MyMethod，并勾选 main()方法。

(2)在 MyMethod 类中定义一个方法(注意：代码不是写在 main()方法里面)，方法名为 max，接收两个任意整数作为参数，返回这两个整数中最大的那个。

(3)在 MyMethod 类中再定义一个方法，方法名为 alarm，接收一个正整数作为参数，然后根据这个正整数打印若干行"警告!"信息(如果给定的正整数是 3，则打印 3 次，以此类推)。如果给定的整数小于 0，则输出一条错误信息。

(4)在 Test 类的 main()方法中输入下面代码，看看你自己设计的方法是否能正确运行：

```
MyMethod mm=new MyMethod();
int a=mm.max(-10,2);
System.out.println(a);
mm.alarm(5);
mm.alarm(-2);
mm.alarm(0);
```

参考代码如下：

程序清单 3-6

```
public class MyMethod {
  public int max(int a,int b){
    return a>b? a : b;
  }
  public void alarm(int n){
  if(n<0){
    System.out.println("输入错误！");
  }else{
```

```
            for(int i=0;i<n;i++){
              System.out.println("警告！ ");
            }
          }
        }
      }
```

练习二:方法中参数传递

编写一个传值调用的程序文件 Example3_5.java。

实验步骤:

在项目 Ch03 中,创建源代码,编译并运行程序。

(1)创建源代码。

参考程序源代码如下:

程序清单 3-7

```
class Example3_5 {
  public static void main(String[] args) {
    int x=10, y=10;
    ff1(x, y);
    System.out.println("x="+x+", y="+y);
  }
  static void ff1(int passX, int passY) {
    passX=passX * passX;
    passY=passY * passY;
    System.out.println("passX="+passX+", passY="+passY);
  }
}
```

(2)编译 Example3_5.java,其运行结果如图 3-1 所示。

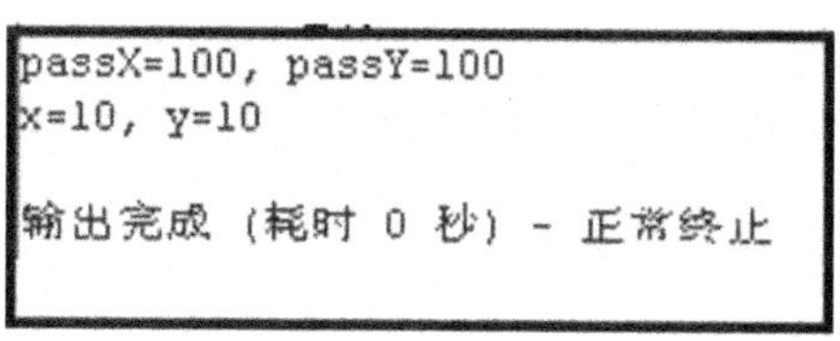

图 3-1　运行结果

(3)分析其运行结果。

这个程序没有实现预期的结果,原因是 ff1 方法采用了传值调用。调用 ff1 方法时，将产生两个参数 passX 和 passY，X 和 Y 的值被传递给这两个参数。尽管在方法中计算了参数的平方，但从 ff1 方法返回后，参数消失，此时 X 和 Y 的值仍是初值。

练习三：编写一个调用对象方法的程序

通过调用对象的方法，在方法调用后修改了成员变量的值。

实验步骤：

在项目 Ch03 中，创建源代码，编译并运行程序。

(1)创建源代码。

(2)参考程序源代码如下。

程序清单 3-8(Example3_6.java)

```
class Example3_6 {
  public static void main(String[] args)
    { Power p=new Power();
    p.ff2(10,10);
    System.out.println("方法调用后 x="+p.x+", y="+p.y);
  }
}
class Power{
  int x=10, y=10;
  void ff2(int passX, int passY)
  { System.out.println("初始时 x="+x+", y="+y);
  x=passX * passX;
  y=passY * passY;
  System.out.println("方法调用中 x="+x+", y="+y);
  }
}
```

(3)编译 Example3_6.java，其运行结果如图 3-2 所示。

```
初始时 x=10, y=10
方法调用中 x=100, y=100
方法调用后 x=100, y=100

输出完成 (耗时 0 秒) - 正常终止
```

图 3-2 运行结果

三、上机思考题

编写 Java 代码实现一个计数器类 Computer，其中包括：

用 CountValue 来保存计数器的当前值。

方法 Computer(int a)是构造方法并给 CountValue 赋初值。

方法 increment()计数器加一。

方法 decrement()计数器减一。

方法 reset()计数器清零。

使用计数器类创建一对象，该计数器对象当前值为 10；调用三次 increment()，输出计数器当前值；调用一次 decrement()，输出计数器当前值；调用 reset()，输出计数器当前值。

实验三　类的封装

一、实验目的

1. 理解类的封装。

2. 熟练掌握类的封装。

二、实验内容

请编写一个 Account 类，以模拟银行的账户。在 Account 类中包括存折号、户名、账户余额三个成员变量的值，一个存款的方法 deposit()，一个取款的方法 draw()和一个查询余额的方法 checkOver()。

实验步骤：

(1)在 Ch05 项目中新建一个 Account 类。

(2)根据问题描述，在 Account 类中定义三个合适的成员变量(注意变量类型)。

(3)在 Account 类中定义一个构造方法，该构造方法接收三个参数，分别给类中的三个成员变量赋值。

(4)在 Account 类中设计 deposit()方法，注意方法的返回类型、参数的个数和类型。另外，在编写 deposit()方法的代码时，还要存款额不能为 0 或负数。如果没有任何问题，则打印存款成功并显示当前余额。

(5)在 Account 类中设计 draw()方法。注意:如果取款额大于账户余额,则提示取款失败。如果没有任何问题,则打印取款成功并显示当前余额。

(6)在 Account 类中设计 checkOver()方法,以打印当前账户号、户名和余额。

(7)在 Test 类的 main()方法中输入下面的代码,以检验你编写的 Account 类是否能够正常工作。

```
Account accl=new Account("3845500061","月儿",1000);//第一个账户
accl.deposit(500);      //存款
accl.deposit(-150);
accl.draw(200);         //取款
accl.checkOver();       //余额查询
Account acc2=new Account("3845500062","西帅",500);//第二个账户
acc2.draw(2000);        //取款
acc2.checkOver();       //账户 2 余额查询
accl.checkOver();       //账户 1 余额查询
```

参考代码如下:

程序清单 3-9

```
public class Account {
  public String usernum,username;
  public double money=0;

public Account(String usernum,String username,double money){   //构造函数
  this.usernum=usernum;
  this.username=username;
  this.money=money;
}

public void deposit(double a){   //存款方法
  if(a<=0){
      System.out.println("存款不能为 0 或负数! ");
  }else{
      this.money+=a;
      System.out.println("存款成功! \n 当前账户余额:"+this.money+"元");
  }
}
```

```
    public void draw(double a){   //取款方法
      if(a>this.money){
          System.out.println("取款失败！ ");
      }else{
          this.money-=a;
          System.out.println("取款成功！\n 当前账户余额:"+this.money+"元");
      }
    }

    public void checkOver(){   //查看用户信息方法
      System.out.println("账户号:"+this.usernum+"\n 户名:"+this.username+"\n
      余额:"+this.money+"元");
    }
}
```

三、上机思考题

1. Java 中的类通常包含了一系列相关的成员变量、构造方法和成员方法。如果在上面的 Account 类中再定义一个成员变量 x，请问有没有现实意义？

2. 在 Test 类中的代码可以看出，两个 Account 对象是完全独立的(包括余额、存取款操作等都互不影响)，相当于每个 Account 对象都捆绑着三个成员变量和三个成员方法。从这个角度体会一下 Java 中类的封装特点。你能看出其中的优点吗？

实验四　访问修饰符

一、实验目的

1. 理解访问修饰符。

2. 熟练掌握不同成员变量修饰方法的程序。

二、实验内容

本实验由两个练习组成：

练习一：使用访问修饰符。

练习二:静态变量/方法与实例变量/方法的区别。

练习一:使用访问修饰符

实验步骤:

(1)在 Ch03 项目中再新建一个类 A。

(2)在类 A 中添加下面的代码:

```
Private int x;
int y;
Public void hello(){
  System.out.println(x);
}

Private void hello2(){
  System.out.println(y);
}
```

(3)在 Test 类的 main()方法中,添加下面的代码,检查一下会出现什么错误。

```
A a=new A();
System.out.println(a.x);
System.out.println(a.y);
a.hello1();
a.hello2();
```

练习二:静态变量/方法与实例变量/方法的区别

通过两个类 StaticDemo 和 Example3_4 说明静态变量/方法与实例变量/方法的区别。

实验步骤:

在项目 Ch03 中,创建源代码,编译并运行程序。

(1)编写类文件 Example3_4.java。

参考程序源代码如下:

程序清单 3-10

```
class StaticDemo {
static int x;
int y;
public static int getX() {
   return x;
}
```

```
    public static void setX(int newX) {
        x = newX;
    }
    public int getY() {
        return y;
    }
    public void setY(int newY) {
        y = newY;
    }
}

public class Example3_4 {
    public static void main(String[] args) { System.out.println("静态变量 x="+StaticDemo.getX());
        System.out.println("实例变量 y="+StaticDemo.getY());    // 非法,编译时将出错
        StaticDemo a= new StaticDemo();
        StaticDemo b= new StaticDemo();
        a.setX(1);
        a.setY(2);
        b.setX(3);
        b.setY(4);

        System.out.println("静态变量 a.x="+a.getX());
        System.out.println("实例变量 a.y="+a.getY());
        System.out.println("静态变量 b.x="+b.getX());
        System.out.println("实例变量 b.y="+b.getY());
    }
}
```

(2)对上面的源程序进行编译,会出现如图 3-3 所示的出错提示。

```
---------- 编译 ----------
LX3_4.java:22: non-static method getY() cannot be referenced from a static context
    System.out.println("实例变量y="+StaticDemo.getY());  // 非法, 编译时将出错
                                                    ^
1 error

输出完成 (耗时 1 秒) - 正常终止
```

图 3-3　运行结果

(3)将源程序中的出错语句删除或使用解释符//隐藏起来,例如:

```
//System.out.println("实例变量 y="+StaticDemo.getY());
```

(4)重新编译并运行该程序,结果如图 3-4 所示。

```
静态变量x=0
静态变量a.x=3
实例变量a.y=2
静态变量b.x=3
实例变量b.y=4

输出完成 (耗时 0 秒) - 正常终止
```

图 3-4　运行结果

从实验结果可以得出以下几点结论:

①类的静态变量可以直接引用,而非静态变量则不行。类的静态变量相当于某些程序语言的全局变量。

②静态方法只能使用静态变量,不能使用实例变量。因为对象实例化之前,实例变量不可用。

③类的静态变量只有一个版本,所有实例对象引用的都是同一个版本。

④对象实例化后,每个实例变量都被制作了一个副本,它们之间互不影响。

三、上机思考题

1.定义一个名字为 MyRectangle 的矩形类,类中有 4 个私有的整型成员变量,分别是矩形的左上角坐标(xUp,yUp)和右下角坐标(xDown,yDown);类中定义了无参数的构造方法和有 4 个 int 参数的构造方法,用来初始化类对象。类中还有以下方法:

getW():计算矩形的宽度;

getH():计算矩形的高度;

area():计算矩形的面积;

toString():把矩形的宽、高和面积等信息作为一个字符串返回。

编写应用程序使用 MyRectangle 类。

2.设计一个表示用户的 User 类,类中的变量有用户名、口令(私有的)和记录用户个数的变量(静态的),定义类的 3 个构造方法(没有参数、有一个参数给用户名赋值、有两个参数给用户名和口令赋值)、获取和设置口令的方法、返回字符串表示的类信息的方法(包含用户名、口令)。编写应用程序测试 User 类。

第四章 Java 面向对象程序设计——继承和接口

Java 中类的继承、接口定义与实现、包定义等是面向对象编程的重要内容。本章主要从如下几个方面做了介绍：继承、super 关键字、多态性、抽象类、接口和包。

预备知识

1. 继承

继承是 OOP 的核心内容之一，通过继承可以重复使用或更改现有的类，也可以在新的子类中加入新的成员变量及成员方法，以满足需要。这样就可以实现代码的复用，减少程序的复杂性。要使用继承，首先要定义一个意义广泛的类，然后从它派生，添加一些具有特定特征的类。被继承的类称为父类，继承父类得到的类称为子类，子类继承了父类的成员变量和方法。它是利用 extends 关键字来声明的。子类可以继承父类中访问权限设定为 public、protected、friendly 的成员变量和方法，但不能继承父类中访问权限为 private 的成员变量和方法。

Java 中的继承是单继承，即一个类只能从唯一一个类中继承，Java 也提供了接口 (interface)，它含有多继承的大部分好处，而不受其缺点的影响。

2. super 关键字

关键字 super 用于在子类中引用其父类，它被用来引用父类(超类)的成员变量或方法。

3. 多态性

前面已经介绍了方法的重载，现在介绍类继承方法的重写。对于子类的一个对象而言，如果子类重写了父类的方法，则 Java 程序运行时调用子类的方法；如果子类没有重写父类的方法，则系统调用父类的方法。

子类在重写父类的方法时必须注意以下几点：

①子类的方法和父类的方法必须具有相同的名称、返回类型和参数列表。

②子类不能比父类的方法的访问性差。

③子类不能比父类的方法抛出更多的异常。

4. 抽象类

声明时用关键词 abstract 修饰的类为抽象类，以下代码创建一个画图的抽象类。

```
public abstract class DrawImage
{  //定义 3 个抽象类
  public abstract void drawDot(int x,int y);    //定义抽象方法
  public abstract void drawLine(int xl,int yl,int x2,int y2);
  publie abstract void drawImage();
}
```

抽象类不能用以创建对象，只能用以派生子类，其作用是规范其子类具有一些共有的属性和方法。抽象类中可以有一些方法是虚拟，也就是没有方法体(没有实现)的，其子类必需为这些抽象方法提供实现，否则它们也是抽象类。

5. 接口

接口是一种完全没有实现的类，在接口中只包括了抽象方法和常量的定义，其作用是规范实现它的类使其对象具有特定功能，这点和抽象类有点相似。接口主要用于以下方面：

①通过接口实现不相关类的相同行为，而不必考虑这些类之间的关系。

②通过接口指明多个类需要实现的方法。

③通过接口可以了解对象的交互界面。

(1)接口的定义。

定义接口的方法和类相似，格式如下：

```
  interface   name{
  type final_variableName1=valuel;
  type final-variabloName2=value2;
  type final-varlableNameN=valueN
  return-type methodName1(parameter list);
  return-type methodNameN(parameter list);
}
```

接口用关键字 interface 声明，其中 name 表示接口名。

接口体中定义的所有变量默认为静态常量，所有方法均是抽象的，以下代码定义了一个简单的接口：

```
interface DrawImage
```

```
{   //定义接口
    public void drawDot(int x,int y);   //定义抽象方法
    pubiie void drawLine(int xl,int yl,int x2,int y2);
    public void drawImage();
}
```

(2)接口的实现。

接口的唯一作用是被类实现,实现了某个接口的类的对象具有接口赋予的特定功能,要让一个类实现某个接口,需要利用 implements 子句声明实现该接口,同时重写接口中的全部方法以实现这些方法,一个类可以实现多个接口,以下是声明实现接口的一般形式:

```
class ClassName implements interface1[,interface2]{
    ......
}
```

6. 包

封装是 OOP 的重要特征之一,包在很大程度上实现了 OOP 的封装机制,它将一组特点相似的类和接口封装在一个包中,为类和接口的使用提供了安全机制。

定义一个包需要利用 package 语句,将 package 语句作为 Java 源文件的第一条语句,则在这个源文件内声明的类将属于这个包,其格式一般如下所示:

```
package pkg1 [.pkg2[.pkg3]...]
```

其中 pkg 是指包的名字,如下命令创建了一个名为 MyPackage 的包:

```
package MyPackage;
```

有时我们定义了一个包,当需要使用该包中的类时,可以利用 import 语句导入包,import 语句的一般格式为:

```
import pkgl[.pkg2[.pkg3]...].(className. * );
```

实验一　包定义

一、实验目的

了解包的作用,掌握包的层次结构。

二、实验内容

实验步骤：

(1)启动 Eclipse 集成开发环境。

(2)点击“文件”→“新建”→“项目”，选择“Java 项目”。

(3)输入项目名：Ch04，然后点击“完成”。

(4)点击“文件”→“新建”→“包”。

(5)输入包名称：media，然后点击“完成”。

(6)在刚新建的“media”包上点击鼠标右键，从菜单中选取“新建”→“类”，输入类名称：Test2，并勾选方法 mail()，点击“完成”。

(7)查看一下 Test2 类与前面创建的 Test 类有什么不同，并将包定义的代码写在下面横线上：

____

三、上机思考题

1. 试试在 Test 类的最开头添加下面的包定义，看看会出现什么错误：

```
Package media;
```

2. 请检查一下 Test2 类在磁盘上的什么位置，从而体会一下 Java 的包与目录之间的对应关系。

实验二　类的继承和多态

一、实验目的

1. 能够独立编写体现类的继承性(成员变量、成员方法、成员变量隐藏)的程序。

2. 能够编写体现类的多态性(成员方法重载、构造方法重载)的程序。

二、实验内容

本实验由五个练习组成：

练习一：类的继承定义。

练习二：类的继承性练习。

练习三：成员方法的覆盖方式。

练习四：this、super 和 super()的使用。

练习五：类的多态性。

练习一：类的继承定义

考虑一下如何用计算机表示圆、矩形等图形。通过分析发现，圆和矩形通常有一些公共的性质，如颜色、周长等。为了避免在圆和矩形中重复定义这些内容，可以使用 Java 中的继承来解决这一问题。

实验步骤：

(1)在 Ch04 项目中新建一个类 Graph。

(2)在 Graph 类定义如下三个成员变量和一个成员方法：

```
String color
double len;
void show(){
      System.out.println("颜色："+color+"周长："+len);
}
```

(3)接着新建一个类 Rectangle，在 Rectangle 类中定义下面成员变量和成员方法：

```
double width;
double height;
void calculate(){
  len=2*(width+height);
}
```

(4)再新建一个类 Circle，在 Circle 类中定义下面成员变量和成员方法：

```
double r;
void calculate(){
  len=2*3.14*r;
}
```

(5)在 Test 类的 main()方法中输入下面的代码，体会一下 Java 继承的效果：

```
Rectangle rect=new Rectangle();    //生成矩形对象
rect.width=10; rect.height=5;
rect.calculate();
rect.show();

Circle cir=new Circle();
cir.r=8;
```

```
cir.calculate();
cir.show();
```

参考代码如下：

程序清单 4-1

```
public class Graph {
  String color;
  double len;

  public Graph(String color,double len){
    this.color=color;
    this.len=len;
  }

  public Graph(){}

  void show(){
  System.out.println("颜色:"+color+"周长:"+len);
  }
}

public class Rectangle extends Graph {
  double width;
  double height;

  public Rectangle(double width,double height){
    super();
    this.width=width;
    this.height=height;
  }

  public Rectangle(){}

  void calculate(){
    len=2 * (width+height);
  }
}
```

```
public class Circle extends Graph {
  double r;

  public Circle(double r){
    super();
    this.r=r;
  }

  public Circle(){}

  void calculate(){
    len=2 * 3.14 * r;
  }
}
```

练习二:类的继承性练习

Java 提供了一个庞大的类库让开发人员继承和使用。设计这些类是出于公用的目的。因此,很少有某个类恰恰满足你的需要。你必须设计自己的能处理实际问题的类,如果你设计的这个类仅仅实现了继承,则和父类毫无两样。所以,通常要对子类进行扩展,即添加新的属性和方法。这使得子类要比父类大,但更具特殊性,代表着一组更具体的对象。继承的意义就在于此。

实验步骤:

在项目 Ch04 中,创建源代码,编译并运行程序。

(1)编写程序文件 Example4_1_P. java。

参考源代码如下:

程序清单 4-2

```
public class Example4_1_P
{
  protected String xm;        //具有保护修饰符的成员变量
  protected int xh;
  void setdata(String m,int h)      //设置数据的方法
  {
    xm =m;
    xh = h;
  }
```

```
  public void print()     //输出数据的方法
  {

    System.out.println(xm+", "+xh);
  }
}
```

(2)编译 Example4_1_P. java,产生类文件 Example4_1_P. class。

(3)创建继承的类:通过 Example4_1_P 类产生子类 Example4_1,其不仅具有父类的成员变量 xm(姓名)、xh(学 号),还定义了新成员变量 xy(学院)、xi(系)。在程序中调用了父类的 print 方法,同时可以看出子类也具有该方法。

(4)编写 Example4_1. java 程序,源代码如下:

```
class Example4_1 extends   Example4_1_P
{
  protected String xy;
  protected String xi;
  public static void main(String args[])
  {
    Example4_1_P p1 = new Example4_1_P ();
    p1.setdata("帅零",12321) ;
    p1.print();
    Example4_1 s1 = new Example4_1 () ;
    s1.setdata("郭丽娜",12345);     //调用父类的成员方法
    s1.xy="经济管理学院";     //访问本类的成员变量
    s1.xi="信息管理系";     //访问本类的成员变量
    s1.print();
  System.out.print(s1.xm+", ""+s1.xy+", "+s1.xi);
  }
}
```

(5)编译并运行程序,其结果如图 4-1 所示。

```
---------- 运行 ----------
帅零, 12321
郭丽娜, 12345
郭丽娜, 经济管理学院, 信息管理系
输出完成 (耗时 0 秒) - 正常终止
```

图 4-1 运行结果

练习三:成员方法的覆盖方式

实验步骤:

在项目 Ch04 中,创建源代码,编译并运行程序。

(1)方法覆盖的定义与作用。通过继承子类可以继承父类中所有可以被子类访问的成员方法,但如果子类的方法与父类方法同名,则不能继承,此时称子类的方法覆盖了父类的方法,简称为方法覆盖(override)。方法覆盖为子类提供了修改父类成员方法的能力。例如,子类可以修改层层继承下来的 Object 根类的 toString 方法,让它输出一些更有用的信息。下面的程序显示了在子类 Circle 中添加 toString 方法,用来返回圆半径和圆面积信息。

(2)编写覆盖 Object 类 toString 方法的程序文件 Example4_2.java。

参考源代码如下:

程序清单 4-3

```
  class Circle {
  private int radius;
  Circle(int r)
  { setRadius(r);
    }
  public void setRadius(int r) {
    radius=r;
    }
  public int getRadius() {
    return radius;
    }
  public double area() {
    return 3.14159 * radius * radius;
    }
  public String toString() {
    return "圆半径:"+getRadius()+"  圆面积:"+area();
    }
}
public class Example4_2{
  public static void main(String args[])
  { Circle c=new Circle(10);
  System.out.println("\n "+c.toString());
  }
}
```

(3)编译并运行程序，其结果如图 4-2 所示。

```
圆半径: 10  圆面积: 314.159

输出完成 (耗时 0 秒) - 正常终止
```

图 4-2 运行结果

练习四：this、super 和 super()的使用

实验步骤：

在项目 Ch04 中，创建源代码，编译并运行程序。

(1)程序功能：说明 this、super 和 super()的用法。程序首先定义 Point(点)类，然后创建点的子类 Line(线)，最后通过 Example4_3 类输出线段的长度。

程序中通过 super(a,b)调用父类 Point 的构造方法为父类的 x 和 y 赋值，在子类 Line 的 setLine 方法中，因为参数名和成员变量名相同，为给成员变量赋值，使用 this 引用，告诉编译器是为当前类的成员变量赋值。在 length 和 toString 方法中使用父类成员变量时，使用 super 引用，告诉编译器使用的是父类的成员变量。

(2)使用 this、super 和 super()的程序文件 Example4_3.java。

参考源代码如下：

程序清单 4-4

```
  class Point {
    protected int x, y;
    Point(int a, int b)
    { setPoint(a, b);
      }
    public void setPoint(int a, int b) {
    x=a;
    y=b;
  }
}
class Line extends Point {
  protected int x, y; Line(int a, int b) { super(a, b);
  setLine(a, b);
}
public void setLine(int x, int y) {
```

```
    this.x=x+x;
    this.y=y+y;
  }
  public double length() {
    int x1=super.x, y1=super.y, x2=this.x, y2=this.y;
    return Math.sqrt((x2-x1) * (x2-x1) + (y2-y1) * (y2-y1));
  }
  public String toString() {
    return "直线端点:[" + super.x + "," + super.y + "][" +x + "," + y + "]
    直线长度:" + this.length();
    }
  }
  public class Example4_3{
    public static void main(String args[]) { Line line=new Line(50, 50);
    System.out.println("\n "+line.toString());
    }
  }
```

(3)编译并运行程序,结果如图 4-3 所示。

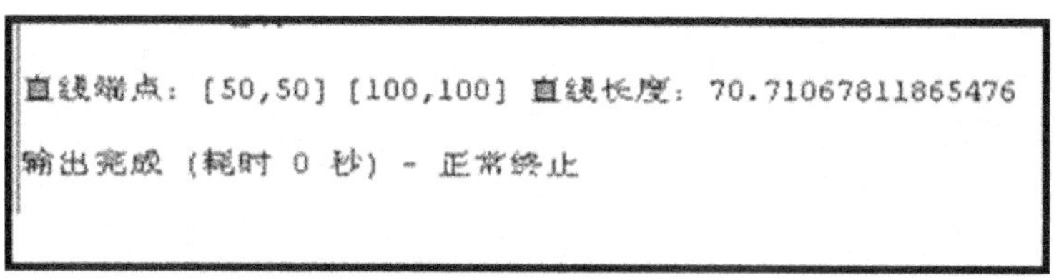

图 4-3　运行结果

练习五:类的多态性

在一个类中,可以定义多个同名方法,只要确定它们的参数个数和类型不同。这种现象称为类的多态。多态使程序简洁,为程序员带来很大便利。在 OOP 中,当程序要实现多个相近的功能时,就给相应的方法起一个共同的名字,用不同的参数代表不同的功能。这样,在使用方法时不论传递什么参数,只要能被程序识别就可以得到确定的结果。类的多态性体现在方法的重载(overload)上,包括成员方法和构造方法的重载。

实验步骤:

在项目 Ch04 中,创建源代码,编译并运行程序。

1. 方法的重载:方法的重载是指对同名方法的不同使用方式。

(1)程序功能:在 IntSort 类中定义 3 个同名的方法 sort,对不同的数进行排序输出。

(2)编写 Example4_4.java 文件。

参考源代码如下:

程序清单 4-5

```
import java.awt.Graphics;
import java.applet.Applet;
class IntSort {
  public String sort(int a, int b) {
  if (a>b)
    return a+" "+b;
  else
    return b+" ""+a;
}
public String sort(int a, int b, int c) {
  int swap;
  if (a<b)
  { swap=a;
  a=b;
  b=swap;
  }
  if (a<c)
    { swap=a;
    a=c;
    c=swap;
  }
  if (b<c) {
  swap=b; b=c; c=swap;
  }
  return a+" "+b+" "+c;
}
public String sort(int arr[]) {
  String s=" ";
  int swap;
  for (int i=0; i<arr.length; i++)
    for (int j=0; j<arr.length-1; j++)
```

```
            if (arr[j]>arr[j+1])
            { swap=arr[j];
            arr[j]=arr[j+1];
            arr[j+1]=swap;
          }

      for (int i=0; i<arr.length; i++)
        s=s+arr[i]+" ";
      return s;
    }
  }
    public class Example4_4 extends Applet {
      IntSort s=new IntSort();
      public void paint(Graphics g) {
        int a=30, b=12, c=40;
        int arr[]={34,8,12,67,44,98,52,23,16,16};
        g.drawString("两个数的排序结果:"+s.sort(a,b),30,30);
        g.drawString("三个数的排序结果:"+s.sort(a,b,c),30,60);
        g.drawString("数组的排序结果:"+s.sort(arr),30,90);
      }
    }
```

(3)编译并运行程序,结果如图 4-4 所示。

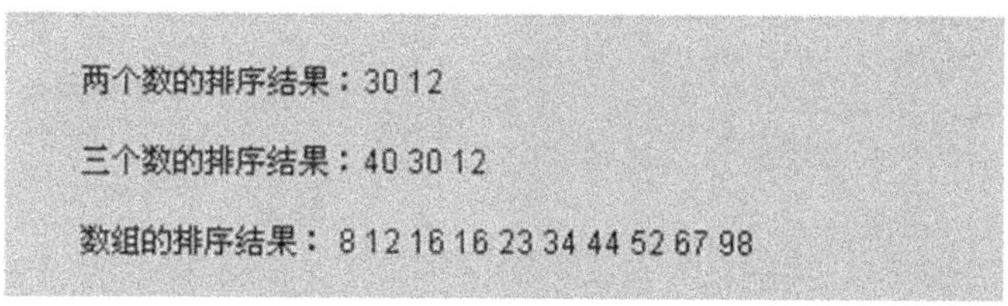

图 4-4　运行结果

(4)三个同名方法。

```
public String sort (int a, int b)
public String sort (int a, int b, int c)
public String sort (int arr[])
```

(5)编写 Example4_4 类文件的页面文件 Example4_4.html。

```
<html>
```

<applet codebase=e:/java/程序 code= Example4_4.class width=420 height=380>

</applet >

</html>

2.构造方法的重载:构造方法的名称和类同名,没有返回类型。尽管构造方法看起来和一般的成员方法没有差别,但它不是方法,也不是类的成员。因此,构造方法不能直接调用,只能由 new 操作符调用。构造方法对于类是十分重要的,对象的初始化任务要靠构造方法来完成。重载构造方法的目的是提供多种初始化对象的能力,使程序员可以根据实际需要选用合适的构造方法来初始化对象。

(1)编写构造方法 RunDemo 的重载程序文件 Example4_5。

参考源代码如下:

程序清单 4-6

```
class RunDemo {
  private String userName, password;
  RunDemo() { System.out.println("全部为空! ");
  }
  RunDemo(String name) {
  userName=name;
}

RunDemo(String name, String pwd) {
  this(name);
  password=pwd;
  check();
}
void check() {
  String
  s=null;
    if (userName! =null)
  s="用户名:"+userName;
    else
    s="用户名不能为空! ";
    if (password! =" 12345678 ")
      s=s+"口令无效! ";
    else
```

```
      s=s+"口令：********";
    System.out.println(s);
  }
}
public class Example4_5 {
public static void main(String[] args) {
  new RunDemo();
  new RunDemo("刘新宇");
  new RunDemo(null,"邵丽萍");
  new RunDemo("张驰","12345678");
}
}
```

(2)编译并运行程序，结果如图 4-5 所示。

```
全部为空!
用户名不能为空!    口令无效!
用户名：张驰   口令：********

输出完成 (耗时 0 秒) - 正常终止
```

图 4-5　运行结果

(3)三个构造方法，其中：

第一个无参构造方法 RunDemo()的实际作用是对成员变量赋缺省初值，由于 userName 和 password 都是 String 类，所以它们的缺省初值为 null。

第二个构造方法 RunDemo(String)只有一个参数，用来对成员变量 userName 赋初值。

第三个构造方法 RunDemo(String, String)有两个参数，并有更多的内容，首先调用 this(name)，其实际作用就是调用当前类的构造方法 RunDemo(String name)，然后对成员变量 password 赋值，最后调用 check 方法来检查 userName 和 password，类似于一般程序的口令验证。

重载构造方法的执行由对象根据实际参数的个数、类型和顺序确定。

三、上机思考题

1. 通过上面定义的几个类，你能看出在什么情况下要用到类的继承吗？类继承有什么好处？（当然现有的好处似乎没有很大的优势，以后遇到大量类的时候你就会发现它的优点）

2. 请问 Rectangle 类和 Circle 类中各包含几个成员变量和几个成员方法?

3. 当生成 Rectangle 类和 Circle 类的对象时,还要进一步给这些对象中的成员变量赋初值。请修改这两个类,并分别在其中增加一个构造方法,以便给成员变量赋值。

实验三　接口定义

一、实验目的

1. 理解接口的概念。

2. 掌握使用系统接口的技术和创建自定义接口的方法。

二、实验内容

本实验由两个练习组成:

练习一:接口定义。

练习二:接口使用。

练习一:接口定义

假定要设计一个媒体播放软件。无论是播放什么格式的文件(如音乐、电影)都存在几个基本的操作,即播放、停止、定位等,但每个操作的具体做法是不相同的。因此,可以将这几个操作定义在一个接口中,对于不同的媒体文件实现不同的类来执行具体的操作。

实验步骤:

(1)在 Ch04 项目中新建一个接口,接口名称为 Player。

(2)在 Player 接口中添加如下代码:

```
Public void start();
Public void stop();
Public void locate(int pos);
```

(3)接着在 Ch04 项目中新建一个 RmvbPlayer 类,并添加实现 Player 接口。

(4)在 RmvbPlayer 类中添加一个成员变量 fileName,代表要播放的文件名。

(5)在 RmvbPlayer 类中再添加一个构造方法,该构造方法接收一个字符串参数,用来给成员变量赋值,以指明要播放的媒体文件名。

(6)针对每个实现的接口方法中添加一条打印语句,以模拟真实的媒体文件操作。

(7)在 Test 类的 main()方法中,添加下面的代码,测试一下看能否正常执行。

```
Player p=new RmvbPlayer("当幸福来敲门.rmvb");
p.start();
p.locate(50);
```

参考代码如下:

程序清单 4-7

```
public interface Player {
  public void start();
  public void stop();
  public void locate(int pos);
}

public class RmvbPlayer implements Player{
  String fileName;

public RmvbPlayer(String fileName){
  this.fileName=fileName;
}

public void start(){
  System.out.println("视频开始播放");
}

public void stop(){
  System.out.println("暂停播放");
}

public void locate(int pos){
  System.out.println("跳转到"+pos+"播放");
}
}
```

练习二:接口使用

实验步骤:

在项目 Ch04 中,创建源代码,编译并运行程序。

实例:定义一个抽象的汽车类 car,再将汽油车设计为接口。定义你自己的车,该车继承自汽车类 car 并实现汽油车接口。

参考程序代码如下:

程序清单 4-8

```
  import java.awt.Color;    //汽车抽象类
  public abstract class Car
  {
  //公用数据字段声明区
  public Color color;          //车辆颜色
  public int gearNum;          //排挡数
  public String  tiretype;     //轮胎型号
  public float engine;         //引擎排气量
  //公用抽象方法声明区
  public abstract void shiftgear();  //换挡
  public abstract void brake();      //煞车
  public abstract void aircon();     //开冷气
  public abstract void headlight();  //开大灯
}
  public interface Gasoline   //汽油车接口
  {
    public static final String FUEL="gasoline(汽油)";  //定义一个最终字段
    public void refuel();   //声明一个方法
}
import java.awt.Color;
public class Sedan_1 extends Car implements Gasoline
{
    static int gearNum=5;  //声明 gearNum 为类栏
      public Sedan_1()  //构造方法
        { tiretype=" BridgeStone185ST ";    //轮胎型号
          engine=1598.5f;  //排气量
        }
      public static void main(String args[])
```

```
    {
        Sedan_1 sedan_1=new Sedan_1();  //产生实例
        sedan_1.equipment();
        sedan_1.shiftgear ();
        sedan_1.brake();
        sedan_1.refuel();
    }
  public void equipment()
    {
      System.out.println("轿车颜色:"+color);
      System.out.println("轿车排挡数:"+gearNum);
      System.out.println("轿车轮胎型号:"+tiretype);
      System.out.println("轿车排气量:"+engine);
      System.out.println("轿车燃料:"+FUEL);     //用到了接口中的字段
  }
public void shiftgear()
{
   System.out.println("轿车换挡方式:自排"+ gearNum+"挡");
}//换挡
  public void brake()
  {
    System.out.println("水压式煞车系统");
  }  //煞车
  public void aircon(){};   //开冷气
  public void headlight(){};  //开大灯
  public void refuel()
  {
      System.out.println("轿车要加"+FUEL);
  }  //覆盖接口所声明的方法
}
```

注意:在实现接口时,要实现所有接口中定义的所有方法,方法的实现可以具有具体的实现内容,也可以是抽象的方法,即只有方法名或参数,没有变量、没有具体操作语句,只有一对大括号{}的空方法。

编译运行该程序,显示结果如图 4-6 所示。

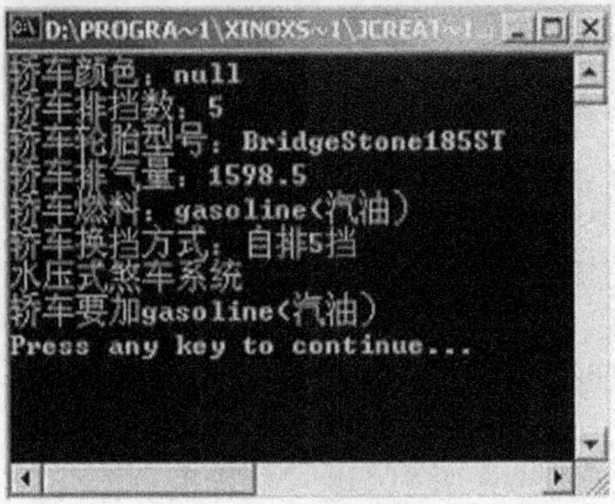

图 4-6 运行结果

三、上机思考题

1. 能否使用接口直接生成对象？试试下面的代码是否正确：

```
Player p=new Player()；
```

2. 定义一个接口，接口中有四个抽象方法：求面积方法、求周长方法、显示面积方法及显示周长方法。定义 Circle 类和 Rectangle 类分别实现接口，在主类中实现显示圆和矩形的面积和周长。

3. 重写上面的程序，要求矩形、圆的类放到不同的包中，用包的技术组织程序的设计。同时要求程序能从键盘上接收数据，以便求解不同的几何图形的周长和面积。

提示：从键盘上输入双精度数的一种方法（程序片段）。

```
……
public static void main(String args[]) throws IOException
{
BufferedReader keyin=new BufferedReader(new InputStreamReader(System.in))；
String x；
x=keyin.readLine()；
double a=Double.parseDouble(x)；
```

第五章　Java 常用类库与异常处理

异常处理机制是 Java 语言中的一个独特之处，它为开发稳定的软件系统提供了有力的支持。它主要使用捕获异常和声明抛出异常两种方法来处理程序中可能出现异常的语句块。Java 的类库是 Java 语言提供的已经实现的标准类的集合，是 Java 编程的 API（Application Program Interface）。String 类和 StringBuffer 类主要用来处理字符串，这两个类提供了很多字符串的使用处理方法。本章主要从如下几个方面做了介绍：Java API 的概念、String 类和 StringBuffer 类、异常处理机制、try 和 catch、finally、throw 和 throws。

预备知识

1. Java API 的概念

Java 的类库是 Java 语言提供的已经实现的标准类的集合，是 Java 编程的 API（Application Program Interface），它可以帮助开发者方便、快捷地开发 Java 程序。这些类根据实现的功能不同，可以划分为不同的集合，每个集合组成一个包，称为类库。Java 类库中大部分都是由 Sun 公司提供的，这些类库称为基础类库。

（1）java. lang 包：主要含有与语言相关的类。Java 语言包（java. lang 包）由解释程序自动加载，不需要显示说明。java. lang 包定义了 Java 中的大多数基本类。该包中包含了 Object 类，Object 类是整个类层次结构的根结点，同时还定义了基本数据类型的类，如：String、Boolean、Byter、Short 等。这些类支持数字类型的转换和字符串的操作。

（2）java. util 包：包括许多具有特定功能的类，有日期、向量、哈希表、堆栈等，其中 Date 类支持与时间有关的操作。

2. String 类和 StringBuffer 类

String 类和 StringBuffer 类主要用来处理字符串，这两个类提供了很多字符串的使用处理方法。String 类是不可变类，一个 String 对象所包含的字符串内容永远不会被改变；而 StringBuffer 类是可变类，一个 StringBuffer 对象所包含的字符串内容可以被添加或修改。

String：常量字符串，一旦赋值或实例化后就不可更改。

StringBuffer：可变字符串构造器，如频繁地修改字符串值，可以使用 StringBuffer。

3. String 类常用方法

(1)public int length()：返回此字符串的长度。

(2)public char charAt(int index)：返回指定索引处的 char 值。索引范围为从 0 到 length() － 1。序列的第一个 char 值在索引 0 处，第二个在索引 1 处，依此类推，这类似于数组索引。

(3)public void getChars(int srcBegin,int srcEnd,char[] dst,int dstBegin)：将字符从此字符串复制到目标字符数组。

(4)public boolean equals(Object anObject)：比较此字符串与指定的对象。当且仅当该参数不为 null，并且是表示与此对象相同的字符序列的 String 对象时，结果才为 true。

4. StringBuffer 类的常用方法

(1)toString()：返回此序列中数据的字符串表示形式。

(2)append(boolean b)：将 boolean 参数的字符串表示形式追加到序列。

(3)length()：返回长度(字符数)。

(4)charAt(int index)：返回此序列中指定索引处的 char 值。

(5)setCharAt(int index, char ch)：将给定索引处的字符设置为 ch。

(6)getChars(int srcBegin, int srcEnd, char[] dst, int dstBegin)：将字符从此序列复制到目标字符数组 dst。

(7)substring(int start)：返回一个新的 String，它包含此字符序列当前所包含的字符子序列。

(8)insert(int offset, String str)：将字符串插入此字符序列中。

5. Java 异常体系

异常(Exception)是指程序在运行期间所发生的非正常状态，它中断程序的正常执行。很多类型的错误都会导致异常的产生，从严重的硬件故障(如硬盘损坏)到简单的程序错误(如数组越界、除零等)，都会影响程序的正常执行。

Exception 类是 Java 程序中大量处理的异常，可分为两类：从 RuntimeExcepfion 衍生出来的异常和衍生于 Exception 的其他子类的异常。

RuntimeException 一般是由编程错误产生的，出现这类异常时，程序员需调试程序，避免这类异常的产生。该类异常一般包括错误的造型、数组越界存取、空指针访问等。

衍生于 Exception 的其他子类的异常一般是由于不可预测因素造成的，使得语法正确的程序出现了问题。该类异常一般包括试图越过文件尾继续存放、试图打开一个错误的 URL 等。

6. 异常处理机制

Java 程序执行过程中，如果出现了异常事件，就会生成一个异常对象，该对象可能是由正在运行的 Java 程序生成，也可能是由于 Java 虚拟机生成。异常对象中包含一些异常事件的信息，如异常事件的类型、异常发生时程序的运行状态等。生成的异常对象将传递给 Java 运行时的系统，这一异常对象的产生和提交过程称为抛出(throw)异常。

Java 程序运行的系统获得异常对象时，它将寻找处理这一异常的代码，寻找的过程从生成异常对象的代码块开始，沿着方法的调用栈逐层回溯，直到找到一个方法能处理这一异常类型，然后系统将获得的异常对象交给这个方法处理，这一过程称为捕获(catch)异常。

如果系统找不到可以捕获异常的方法，则运行时系统将终止，相应的 Java 程序也将退出。

7. try 和 catch

在 Java 中如果要捕获一个异常，需要设置一个 try-catch 代码块，其格式如下：

```
try{
  // 需要监视异常的代码块
}
catch(ExceptionType1 e)
{
  // 出现 ExceptionType1 类型异常的处理代码
}
catch(ExceptionType2 e)
{
  // 出现 ExceptionType2 类型异常的处理代码
}
```

一般情况下，为避免因程序引起的异常而使程序终止，通常将需要监视异常的代码块放在 try 块中。当 try 块中的代码出现异常时，将抛出一个异常，然后被紧接在 try 块之后的 catch 语句捕获。

在某些情况下，一个 try 块中的代码有几个抛出不同异常的可能，为此可以在一个 try 块后面接上多个 catch 语句，每个语句捕获一种异常。try 块中的代码抛出异常后，系统顺序检查每个 catch 语句的异常类型是否与抛出的相匹配，一旦捕获到相匹配的异常，就执行该 catch 块中的代码。当一个 catch 块中的语句执行完毕后，程序将跳过其他的 catch 语句，继续执行 try-catch 语句块后面的程序代码。

try 语句还可嵌套，即在一个 try 块中包含另一个 try 块，当内层 try 块抛出一个异常对象时，首先由内层的 catch 语句进行匹配，若匹配则由该 catch 语句处理，否则由外层 try 块的 catch 语句处理。

提示：try-catch 代码块中，catch 语句只能捕获前面与它最近的那个 try 语句抛出的异常，它不能捕获另外一个 try 语句抛出的异常(嵌套的 try 语句除外)。

8. throw 和 throws

在 Java 中，除了程序运行时系统抛出异常外，也可使用 throw 语句自行抛出异常，改变程序执行的流程，使程序转到相应的异常处理程序。throw 语句的格式如下：

```
throw 异常对象名；
```

如果一个方法不能处理它自己所引发的代码，就必须用关键字节 throws 声明该方法可能引发的所有异常，让该方法的调用者处理这个异常。

9. finally

在 Java 中，当异常抛出时，程序将跳出 try 块，执行 try-catch 语句块后面的程序代码。然而在某些情况下，我们希望无论异常发生还是被捕捉时，有些语句必须执行。finally 解决了这一问题，我们只需在 try-catch 语句块后接一个 finally 块，不管是否发生异常，都将执行 finally 块中的代码。

实验一　字符串对象

一、实验目的

1. 了解和运用 String 类，熟悉 String 类的构造方法。
2. 掌握字符串类的使用方法。

二、实验内容

本实验由三个练习组成：

练习一：字符串对象初步。

练习二：使用字符串类编程。

练习三：其他类库。

练习一：字符串对象初步

实验步骤：

(1)启动 Eclipse 集成开发环境，创建 Ch05 项目并新建一个类 TestString，同时，勾选 main()方法。

(2)在 TestString 类的 main()方法中输入下面的代码。

```
String s=new String(" hello ");
int x=3;
System.out.println(s.length());
System.out.println(s.charAt(1));
System.out.println(x.length());
```

(3)检查一下上面代码最后一行存在什么编译错误，为什么倒数第三行不会报错。然后体会一下 Java 的"数值对象"和普通数值之间有什么区别。

简答与思考：

请查阅 JDK 文档，看看 String 类中还包含有哪些方法/函数，而这些方法/函数就存在于各种字符串对象中，每个字符串对象中都有。

练习二：使用字符串类编程

创建使用 String 和 StringBuffer 类的程序，实现字符串的翻转。

实验步骤：

在项目 Ch05 中，创建源代码，编译并运行程序。

(1)创建源代码。

(2)编写 Example5_1.java 程序文件。

参考源代码如下：

程序清单 5-1

```
import java.applet.Applet;
import java.awt.Graphics;
public class Example5_1 extends Applet {
  public void paint(Graphics g) {
  String str="这是一个字符串——This is a test string ";
  g.drawString("正常字符串："+str, 30, 30);
  g.drawString("翻转字符串："+reverse(str), 30, 60);
}
public String reverse(String s) {
```

```
        int len=s.length();
        StringBuffer buffer=new StringBuffer(len);
        for (int i=len-1; i>=0; i--)
        buffer.append(s.charAt(i));
        return buffer.toString();
    }
}
```

(3)编译 Example5_1.java 程序文件。

(4)编写显示 Example5_1.class 的页面文件 Example5_1.html,源代码如下。

```
<html>
<applet  codebase=e:/java/程序 code= Example5_1.class width=400 height=120
>
</applet >
</html>
```

(5)在浏览器打开 Example5_1.html 文件,结果如图 5-1 所示。

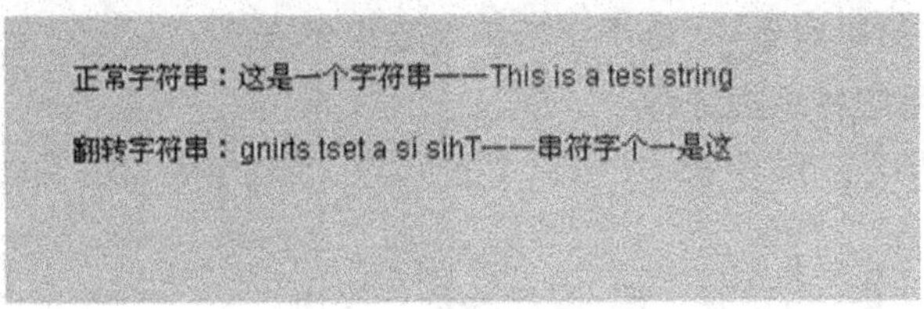

图 5-1　运行结果

练习三:其他类库

假定要从键盘输入若干个学生的 Java 课程成绩,当输入的分数为-1 时表示不再输入。请将输入的学生成绩保存到 ArrayList 动态数组对象中,然后通过循环将输入的学生成绩总和计算出来,并计算出这些学生的平均成绩。

实验步骤:

(1)启动 Eclipse 集成开发环境。

(2)在项目 Ch05 中,点击“文件”→“新建”→“类”。

(3)输入类名称:TestArrayList,勾选 public static void main(String[]args)方法,点击“完成”。

(4)在 Test 类的 main()方法中输入解决问题的代码。

提示:从键盘输入成绩可参考

```
Scanner sc = new Scanner(System.in);
```

在循环中可通过 sc. nextInt()输入数。

另外,将得到的数转换为一个 Integer 类型的对象,然后加入 ArrayList 动态数组对象中(相当于 ArrayList 对象中可容纳多个 Integer 对象元素,至于具体多少个则没有限制)。

(5)加入集合元素和获取集合元素,参考 JDK 文档中 ArrayList 类的 add()和 get()方法。

三、上机思考题

1. Math 是 Java 定义的一个标准数学运算功能类,它里面包含了若干用来执行数学运算的方法/函数,如求平方根等。这里使用的是 Math 类中的 random()方法,它是一个 static 的方法。请查阅 JDK 文档,了解一下 Math 类中还包含有些什么方法/函数。

2. 编写一程序,该程序输入一个字符串参数,返回该字符串的反序字符串。

实验二　异常处理

一、实验目的

1. 掌握基本异常的处理机制。
2. 熟悉 try 语句和 catch 语句的搭配使用。
3. 多重 catch 语句的使用。
4. 使用 throw 声明异常和 throws 抛出异常。

二、实验内容

本实验由五个练习组成:

练习一:简单异常处理。

练习二:异常类型匹配的处理方式。

练习三:异常类型不匹配的程序。

练习四:包含多个 catch 子句的异常处理程序。

练习五:自定义异常类并会使用。

练习一:简单异常处理

实验步骤:

(1)启动 Eclipse 集成开发环境。

(2)在项目名:Ch05 中,然后点击“文件”→“新建”→“类”。

(3)输入类名称:TestParse,并勾选 main()方法,然后直接点击“完成”。

(4)在 TestParse 类的 main()方法中,输入下面的代码:

```
int x = Integer.parseInt("20a");
```

(5)运行 TestParse 类,控制台出现的异常信息中,异常的类型是什么?

(6)根据控制台提示的异常类型,使用 try-catch 重新修改上面的代码,并在处理异常时打印“转换的字符串包含非数字”。

参考代码如下:

程序清单 5-2

```
public class TestParse {

  /**
   * @param args
   */
  public static void main(String[] args) {
    // TODO Auto-generated method stub
    try{                                    //捕获异常的范围
     int x = Integer.parseInt("20a");
    }catch(Exception ex){                   //处理 try 中生成的异常事件
      System.out.println("转换的字符串包含非数字"+ex.getMessage());
      ex.printStackTrace();
    }
  }
}
```

练习二:异常类型匹配的处理方式

实验步骤:

在项目 Ch05 中,创建源代码,编译并运行程序。

(1)程序功能:首先说明“这是一个异常处理的例子”,然后在程序中主动产生一个 ArithmeticException 类型被 0 除的异常,并用 catch 语句捕获这个异常。最后通过 ArithmeticException 类的对象 e 的方法 getMessage 给出异常的具体类型并显示出来。

(2)编写使用 try-catch 语句处理异常的程序文件 Example5_3.java。

参考源代码如下：

程序清单 5-3

```
public class Example5_3{
public static void main(String[] arg3)
{ System.out.println("这是一个异常处理的例子\n ");
try
{
   int i=10;
   i /=0;
}
catch (ArithmeticException e)
   { System.out.println("异常是:"+e.getMessage());
}
finally {
   System.out.println(" finally 语句被执行");
}
 }
}
```

(3)编译并运行程序，结果如图 5-2 所示。

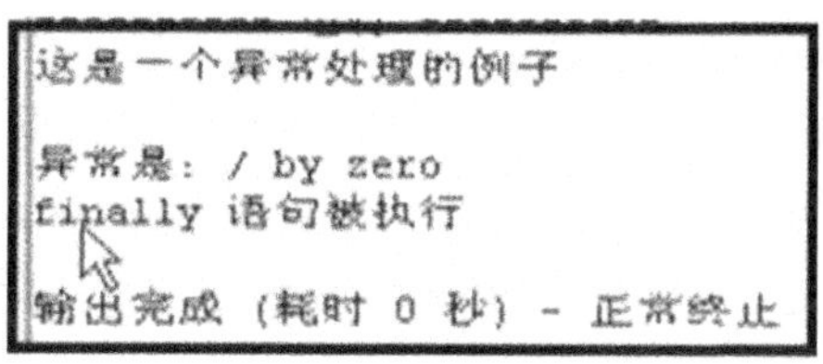

图 5-2　运行结果

练习三：异常类型不匹配的程序

实验步骤：

在项目 Ch05 中，创建源代码，编译并运行程序。

(1)编写一个 catch 语句中声明的异常类型不匹配的程序 Example5_4.java。

参考源代码如下：

程序清单 5-4

```
public class Example5_4{
```

```
        public static void main(String[] args)
        { System.out.println("这是一个异常处理的例子\n ");
        try {
          int i=10;
          i /=0;
        }
        catch (IndexOutOfBoundsException e)
          { System.out.println("异常是:"+e.getMessage());
        }
        finally {
          System.out.println(" finally 语句被执行");
        }
      }
    }
```

(2)编译并运行程序 Example5_4,结果如图 5-3 所示。

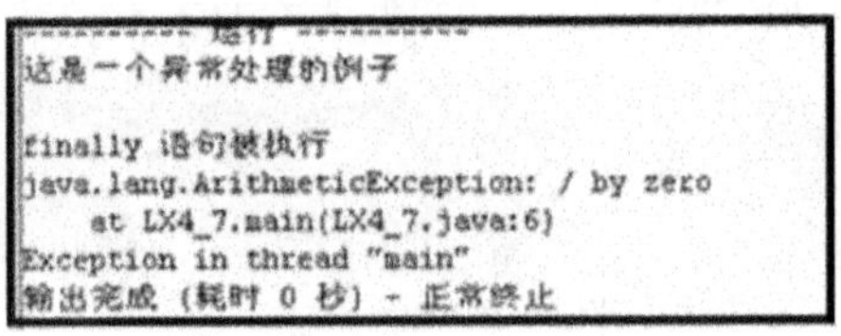

图 5-3 运行结果

因为 Example5_4 程序试图捕获一个异常类为 IndexOutOfBoundsException 的异常,而发生的异常却是 ArithmeticException 类。所以,程序可以通过编译,但在运行时,系统会给出异常报告:报告所发生的但没有被捕获的异常。不过在此之前,其他语句和 finally 语句将会被执行。

练习四:包含多个 catch 子句的异常处理程序

实验步骤:

在项目 Ch05 中,创建源代码,编译并运行程序。

(1)程序功能:在 try 子句中设计两个可能出现的异常,当 a 为 0 时会发生异常。另外一个是肯定的异常,因为数组 c 的长度为 1,定义 c[42]是非法的。通过两个 catch 子句分别来捕获异常。

(2)编写包含多个 catch 子句的 Example5_5.java 程序。

参考源代码如下:

程序清单 5-5

```
public class Example5_5{
  public static void main(String[] args) {
    try {
      int a=args.length;
      System.out.println("\na = "+a);
      int b=42/a;
      int c[]={1};
      c[42]=99;
    }
    catch (ArithmeticException e)
      { System.out.println("发生了被 0 除:"+e);
    }
    catch (ArrayIndexOutOfBoundsException e)
      { System.out.println("数组下标越界:"+e);
    }
  }
}
```

(3)实验下面两种情况:

① 在程序运行时不输入参数,则 args.length 的值为 0,这将引起一个被 0 除异常。

②在运行程序时,输入 22,将不会引起被 0 除异常,但会引起另一个异常,即数组下标越界 ArrayIndexOutOfBoundsException。因为整型数组只有一个元素 c[0],程序中却要使用 c[42],这将发生数组下标越界。

练习五:自定义异常类并会使用

实验步骤:

在项目 Ch05 中,创建源代码,编译并运行程序。

(1)创建源代码,自定义异常类 Example5_6。

参考源代码如下:

程序清单 5-6

```
public class Example5_6 extends Exception {
  public Example5_6() {
  super();
```

```
    }
    public Example5_6(String msg) {
      super(msg);
    }
    public Example5_6(String msg, Throwable cause) {
      super(msg, cause);
    }
    public Example5_6(Throwable cause) {
      super(cause);
    }
  }
```

(2)创建源代码,自定义异常类的使用 Example5_7。

参考源代码如下:

程序清单 5-7

```
public class Example5_7 {
  public static void firstException() throws Example5_6 {
    throw new Example5_6("firstException() method occurs an exception! ");
    }

    public static void main(String[] args) {
    try {
      Example5_7.firstException();
    } catch (Example5_6 e1) {
      System.out.println("Exception: " + e1.getMessage());
      e1.printStackTrace();
      }
    }
  }
```

(3)编译并运行程序。

三、上机思考题

1.请查阅 JDK 文档,看看 NumberFormatException 类的父类是什么,并回答为什么 Java 在执行练习一中的 parseInt()方法时没有强制要求使用 try-catch 处理异常?

2.在上面的例子中,catch 块是否一定会执行,为什么?

第六章　图形用户界面

预备知识

1. GUI 图形用户界面

用户界面是用户和计算机进行信息交互的界面。用户界面分为字符型(命令行)和图形用户界面(GUI)两大类。字符型用户界面要求熟记键盘操作命令,并且当界面显示信息过多时,由于屏幕滚动,需要的信息会滚动出屏幕外而看不见,用户在这种界面下操作有一定的困难。图形用户界面的操作命令集成在界面的图形对象——窗口、菜单、工具栏和一些组件上,并采用事件驱动方式设计,用户使用鼠标或计算机键盘就能方便地进行信息交互,不仅用户操作更加舒服和得心应手,而且有更高的效率,所以,有人称其为“傻瓜”或“用户友好”界面,深受用户的青睐。Java 的 GUI 由组件、布局管理和事件委托处理三部分组成。组件是响应用户操作的可视图形控件,它们置于容器组件中,形成一个包含的层次结构,由布局管理器安排组件在容器中的位置。根据用户操作产生事件的组件称事件源,不同的组件产生不同类型的事件,同一组件可能产生多种事件。组件提供添加监视事件发生的监视器方法,对感兴趣的事件注册监视。事件发生时,一个包含和事件相关信息的事件对象传递给事件处理程序,程序通过每个事件对象的 getSource 方法了解必须响应的事件。事件处理程序委托监视器处理对事件处理响应的方法。

创建一个图形用户界面的方法如下:

(1)创建一个顶级的容器组件,它一般是继承框架(Frame)的应用程序主窗口,包含边框、标题栏、控制按钮、控制菜单和内容面板(Contentpane)的容器。

(2)按指定的布局管理器向容器添加组件,在事件源组件添加事件监视器,并注册。

(3)设计事件处理程序,委托事件处理,响应信息交互。

(4)显示图形用户界面。

一个最简单的GUI应用程序由三部分组成:应用程序主类——应用程序运行入口;图形窗口——JFrame/Frame 的子类,它是一个应用程序窗口;事件处理类——类对象注册为事件监听器,处理事件,GUI 采用事件驱动。为简化程序,可以将应用程序主类,继承 JFrame/Frame 框架,以及实现事件监听接口三者合为一,也可将主类和窗口合并。

2. 事件委托处理

事件处理的四要素是识别事件源、识别事件、监听事件和事件处理。Java 采用事件委托处理模式,即事件触发时委托指定的对象处理事件。事件处理要做以下三件事:

(1)给事件源组件添加事件监听器。

(2)设计一个实现该事件监听器接口或继承剪裁器的事件处理类,类中给出对应的事件处理方法;事件处理类可以是外部类,为了重用,也可以是内部类,对于简单的事件处理常用内部无名类。

(3)用事件处理类创建一个对象,作为事件监听器的实参,注册事件处理。设计事件处理类和注册有三种方法:①建立事件处理内部类,创建事件处理类对象,作为事件源添加事件监听器方法的实参;②建立事件处理内部类,事件监听器的实参为直接建立事件处理内部类的对象;③事件监听器的实参为直接建立的无名事件处理内部类对象。对于简单的事件处理类,一般为内部无名事件处理类较方便,使用无名事件处理内部类对象(父类的无名对象)注册,后必有类体(事件处理方法)。

3. 布局管理器

布局管理器(Layout Manager)用来控制组件在容器中的排列方式。容器的 SetLayout 方法用于改变容器组件布局的方式。

(1)FlowLayout 顺序布局管理器:将组件从左到右排列,一行排满转到下一行顺序地布局,其特点是组件大小固定,不随窗口大小改变,适用于组件较少的情况。FlowLayout 类提供三个静态常量 LEFT、CENTER、RIGHT,分别表示居左、居中和居右的对齐方式。顺序地布局是容器面板 Panel 和它的子类 Applet 的默认布局管理器。

(2)BorderLayout 边界布局管理器:把容器分成东、南、西、北、中五个区,组件可布在指定的区中,最多能容纳五个组件,允许布局容器。放在南、北区的组件与容器一样长,南区的组件和北区的组件一样高;东、西区的组件占据南、北区间的空间,并且与组件同宽;中区的组件占据剩余空间。如果南、北区没有占据组件,则东、西区的组件扩展占满;如果东、西区没有占据组件,中区扩展占满剩余空间;如果中区没有占据组件,则该区留空。BorderLayout 类提供五个静态常量 NORTH、

EAST、SOUTH、WEST 和 CENTER，分别表示五个对应区域。

BorderLayout 类的构造方法：

Public BorderLayout(int hgap,int vgap);

其中，hgap 以像素表示横向间距，vgap 表示纵向间距。

(3)GridLayout 网格布局管理器：把容器用纵横网线分割成大小相等的矩形网格，从左上角的网格开始，从左到右布满一行折到下一行，在网格中布局组件。当容器大小改变时，网格大小跟随改变。

实验一　按钮创建

一、实验目的

1. 了解 GUI 的概念。

2. 了解 java. awt 包和 javax. swing 包，以及比较它们具有的同性质的组件的异同。

3. 掌握和运用 Java 的基本 GUI 组件，了解它们的特点。

二、实验内容

本实验要求定义按钮若干，让它们按照从左向右的顺序依次排列，显示 5 个带图标的按钮。

实验步骤：

(1)在 Eclipse 中创建一个新的工程 JavaPrg，新建一个文件 ButtonCounter. java，将程序清单 6-1 中的程序输入并保存。

程序清单 6-1

```
import javax.swing. * ;
import java.awt. * ;
public class ButtonCounter extends JFrame
{
  public ButtonCounter( )
  {
    super("显示按钮窗口");
    ImageIcon Icon = new ImageIcon(" image/image.gif ");
```

```
        JButton jbt1 = new JButton("按钮",Icon);
        JButton jbt2 = new JButton("按钮",Icon);
        JButton jbt3 = new JButton("按钮",Icon);
        JButton jbt4 = new JButton("按钮",Icon);
        JButton jbt5 = new JButton("按钮",Icon);
        getContentPane( ).setLayout(new FlowLayout( ));
        getContentPane( ).add(jbt1);
        getContentPane( ).add(jbt2);
        getContentPane( ).add(jbt3);
        getContentPane( ).add(jbt4);
        getContentPane( ).add(jbt5);
    }
    public static void main(String[ ] args)
    {
        JFrame frame = new ButtonCounter( );
        frame.setDefaultCloseOperation(JFrame.EXIT_ON_CLOSE);
        frame.setSize(400,100);
        frame.setVisible(true);
    }
}
```

(2)编译并运行这个程序,结果如图 6-1 所示。

图 6-1 运行结果

三、上机思考题

1. 在本程序中语句 frame. setDefaultCloseOperation (JFrame. EXIT_ON_CLOSE)的作用是什么？去掉该语句,程序会出现怎样的运行结果?

2. 在本程序中去掉语句 getContentPane( ). setLayout(new FlowLayout( )),程序的运行结果会发生变化吗？如果发生变化,会出现什么现象？请解释原因。

实验二　文本框密码框运用

一、实验目的

1. 进一步了解和掌握 javax. swing 包中的常用 GUI 组件。
2. 比较 Swing 包中的 JTextField 和 JPasswordField 在使用中的异同。
3. 初步了解和运用事件处理机制和 Action 事件的处理。

二、实验内容

编写一个 Java 程序，实现用户根据自己的密码进入界面，如果用户输入信息正确，则输出"欢迎×××用户"，否则用户还可以尝试两次，如果尝试阶段输入信息错误，则输出"请输入正确的信息"，如果尝试失败，用户则退出。

实验步骤：

(1)在 Eclipse 中创建一个新的工程 JavaPrg，新建一个文件 PasswordVerification. java 将程序清单 6-2 中的程序输入并保存。

程序清单 6-2

```
import javax.swing. * ;
import java.awt.event. * ;
import java.awt. * ;
public class PasswordVerification extends JFrame
{
  JLabel userLabel;  //定义用户标签提示
  JLabel passwordLabel;  //定义密码标签提示
  JTextField userText;  //定义用户文本框
  JPasswordField passwordText;  //定义密码文本框
  int count=1;  //统计输入信息的次数
  public PasswordVerification
    {
    super("请输入信息");
    Container container=getContentPane();  //得到容器对象 container
    container.setLayout(new FlowLayout( ));  //设置默认布局
```

```
        userLabel= new JLabel("用户",null,JLabel.CENTER);  //创建用户标签
        passwordLabel= new JLabel("密码",null,JLabel.CENTER);  //创建密码标签
        userText= new JTextField("张三",15);  //创建用户文本输入框
        passwordText= new JPasswordField(" 123456 ",15);  //创建密码输入文本框
        passwordText.addActionListener(new ActionListener()       //注册事件监听者

          {

          public void actionPerformed(ActionEvent e)
          {  //事件处理
          String userName=new String("陈三");  //假设为正确的用户名
          String password=new String(" 12345678 ");  //假设为正确的密码
          if(e.getSource( )= =passwordText)
          {
          count++;
          char[ ] passwords=passwordText.getPassword( );
          if(userText.getText( ).equals(userName)&&password.equals(new String(passwords)))
          {
          JOptionPane.showMessageDialog(null, "欢迎您:" + userName);
          System.exit(0);
          }
          else if(count>3)
          System.exit(0);
          else
          {
          JOptionPane.showMessageDialog(null,userText.getText( )+"请输入正确信息");
          }
          }
          }
      }
    );
    container.add(userLabel);
    container.add(userText);
    container.add(passwordLabel);
    container.add(passwordText);

    setSize(240,100);
```

```
        setVisible(true);
    }

    public static void main(String args[ ])
    {
        PasswordVerification pv=new PasswordVerification( );
        pv.setDefaultCloseOperation(JFrame.EXIT_ON_CLOSE);
    }
}
```

(2)调试并编译程序 PasswordVerification.java,运行该程序,运行结果如图6-2、图6-3、图6-4和图6-5所示。

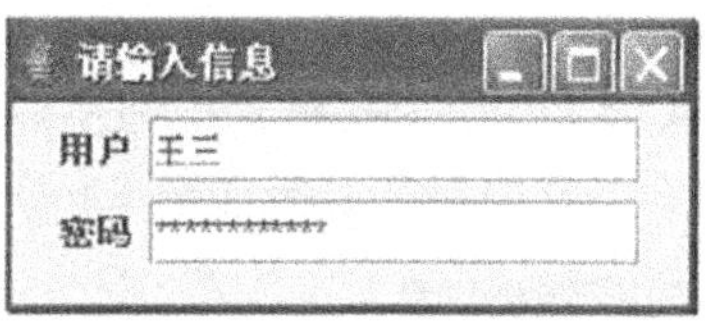

图 6-2　运行结果:输入正确信息

图 6-3　显示欢迎信息

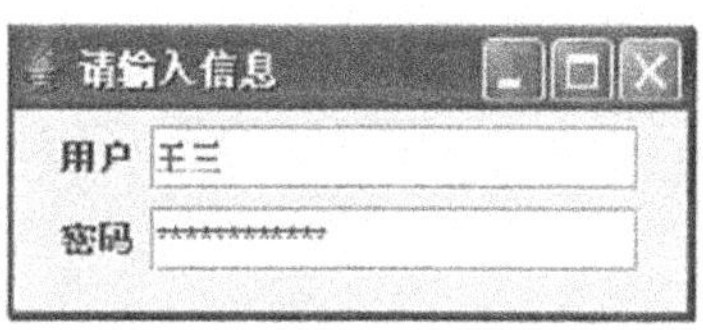

图 6-4　运行结果:输入错误信息

图 6-5　显示重新输入信息

三、上机思考题

1. 在本程序中 actionPerformed()方法中 if(e.getSource( )= =passwordText)的作用是什么?如果去掉该条件判断,程序运行结果会发生什么变化?

2. 从给定程序的运行结果看,密码输入的回显字符是"*",如果把回显字符换成"#",该如何处理?

3. 如果要求在信息输入错误处理中,一旦输入完密码信息,用户输入框和密码输入框可以清空。请将上述程序修改,使之实现该功能。

实验三　简单的加法器

一、实验目的

1. 进一步了解和掌握 javax. swing 包中的常用 GUI 组件。

2. 掌握按扭动作事件的处理。

二、实验内容

编写 GUI 应用程序，在 GUI 上，设计两个文本框、两个标签和两个按钮，当文本框输入两个实数时，点击相加按钮实现两个实数相加，并在标签中显示相加结果，点击清除按钮完成对文本框和运行结果的清除。程序运行结果如图 6-6 所示。

图 6-6　运行结果

实验步骤：

(1)在 Eclipse 中创建一个新的工程 JavaPrg，新建一个文件 AdderPanelP. java，将程序清单 6-3 中的程序输入并保存。

程序清单 6-3

```
import java.awt. * ;
import java.awt.event. * ;
import javax.swing. * ;
public class AdderPanelP implements ActionListener
{
  JFrame adderFrame;
  JTextField tOprand3, tOprand2;
  JLabel lAdd, lSum;
  JButton bAdd, bClear;
  JPanel p1,p2;  //中间层容器面板
```

```
public AdderPanelP()
{
  adderFrame = new JFrame("两个实数相加");
  tOprand3 = new JTextField(" ",10);
  tOprand2 = new JTextField(" ",10);
  lAdd=new JLabel("+");
  lSum=new JLabel("= ");
  bAdd=new JButton("相加！ ");
  bClear=new JButton("清除！ ");
  bAdd.addActionListener(this);
  p1=new JPanel(); p2=new JPanel();
  bClear.addActionListener(new ActionListener()
  { public void actionPerformed(ActionEvent e)
  { tOprand3.setText("0.0 ");
  tOprand2.setText("0.0 ");
  lSum.setText("=0.0 ");
  }
});
p2.setBackground(Color.blue);  //建立面板 p2 的背景色
p1.setBackground(Color.green);  //建立面板 p1 的背景色
p1.setLayout(new FlowLayout());  //建立面板 p1 的布局管理器
p1.add(tOprand3); p1.add(lAdd);
p1.add(tOprand2); p1.add(lSum);
p2.setLayout(new FlowLayout());  //建立面板 p2 的布局管理器
p2.add(bAdd); p2.add(bClear);  //建立顶层容器的布局管理器为 BorderLayout
Container c=adderFrame.getContentPane();
c.setLayout(new BorderLayout());
c.add(p1,BorderLayout.NORTH);
c.add(p2,BorderLayout.SOUTH);
adderFrame.setSize(300,100);
adderFrame.setVisible(true);
adderFrame.addWindowListener(new WindowAdapter()
{ public void windowClosing(WindowEvent e)
{ System.exit(0);
}
});
}
```

```
    public void actionPerformed(ActionEvent event)
    {   double sum=Double.parseDouble(tOprand3.getText())
           +Double.parseDouble(tOprand2.getText());
      lSum.setText("="+sum);
    }
    public static void main(String[] args)
    { AdderPanelP adderp = new AdderPanelP(); }
  }
```

(2)调试并编译程序 AdderPanelP.java,运行该程序。

上机思考题

在应用程序的图形用户界面中添加两个文本框,分别用来输入两个整数,同时添加两个按钮,分别为"+"、"*",以及一个结果标签。点击按钮"+"将两个文本框的数据做加法运算;点击按钮"*"做乘法运算,将结果显示在标签上。

实验四　顺序布局管理器

一、实验目的

1.进一步了解和掌握 javax.swing 包中的常用 GUI 组件。

2.深入了解和运用常用的布局管理,并掌握一些常用组件容器的默认布局管理器方式。

3.比较常用布局管理方式的不同。

二、实验内容

设计一个顺序布局管理器,配置三个按钮组件,标题分别为"左齐"、"居中"、"右齐",当点击"左齐"按钮时,组件靠左对齐;当点击"右齐"按钮时,组件靠右对齐;当点击"居中"按钮时,组件居中对齐。如图 6-7 所示。

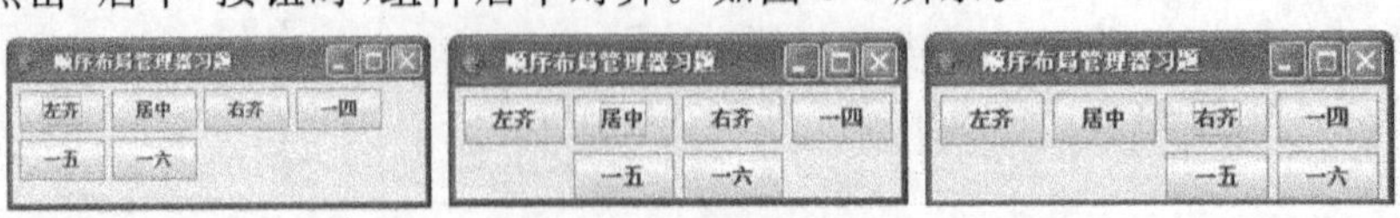

图 6-7　运行结果

实验步骤：

(1)在 Eclipse 中创建一个新的工程 JavaPrg,新建一个文件 FlowLayoutDemoX.java，将程序清单 6-4 中的程序输入并保存。

参考源程序：

程序清单 6-4

```
import java.awt.*;
import java.awt.event.*;
import javax.swing.*;
public class FlowLayoutDemoX extends JFrame implements ActionListener
{   private Container c;
  private String name[]={"左齐","居中","右齐","一四","一五","一六"};
  private JButton bt[]=new JButton[name.length];
  private FlowLayout lo1,lo2,lo3;
  public FlowLayoutDemoX( )
  {super( "顺序布局管理器习题 ");
    c=getContentPane();
    lo1=new FlowLayout(FlowLayout.LEFT);
    lo2=new FlowLayout(FlowLayout.CENTER);
    lo3=new FlowLayout(FlowLayout.RIGHT);
    c.setLayout(lo2);
    for(int i=0;i<=5; i++)
    { bt[i]=new JButton(name[i]);
    bt[i].addActionListener(this);
    c.add(bt[i]);
  }
    setSize(300,150); show();
}
public void actionPerformed(ActionEvent e)
{if(e.getSource()==bt[0]) c.setLayout(lo1);
  else if(e.getSource()==bt[1]) c.setLayout(lo2);
  else if(e.getSource()==bt[2]) c.setLayout(lo3);
  else c.setLayout(lo2);
  show();
}
public static void main(String args[])
{FlowLayoutDemoX app=new FlowLayoutDemoX( );
```

```
        app.addWindowListener( new WindowAdapter()
        { public void windowClosing(WindowEvent e)
        { System.exit(0); } } );
    }
}
```

(2)调试并编译程序 FlowLayoutDemoX.java,运行该程序。

三、上机思考题

运用布局管理器,设置如下界面布局管理器嵌套。

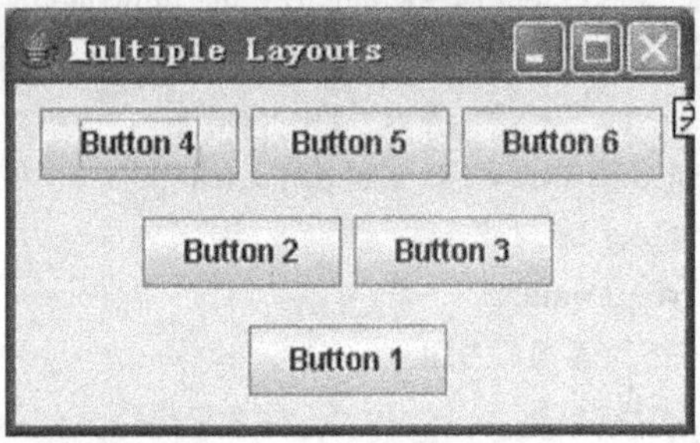

第七章 Applet 小应用程序

预备知识

Java 的程序类型主要有两种，即能够独立运行的 Application 应用程序和 Applet 程序。Applet 是一种小程序，是在 WWW 浏览器中执行的 Java 程序，这种程序不能独立运行，必须借助某种浏览器才能运行。当今的时代，是信息的时代，作为全球最大的信息中心的 WWW（World Wide Web，万维网）已经成为人们获取信息的重要手段，但是目前 WWW 提供的大多数资源仍为以文本、图像和声音等方式表现出来的静态信息。Java Applet 的出现，使 Web 页面有了丰富的动态效果，对 WWW 的交互式应用产生了巨大影响。Applet 在网络编程领域表现出来的功能非常强大，比如，俄罗斯方块网络游戏、网络聊天程序都可以用 Applet 结合 Servlet、Bean、JSP 等和网络编程密切相关的技术来实现。可以说，Applet 是 Web 应用开发的基础。

1. 如何运行 Applet

当浏览器装入一个含有 Applet 的 Web 页时，Applet 被下载到该浏览器中，并开始执行。当 WWW 执行 Applet 程序时，首先要把 HTML 文件载入浏览器中，并解释其中的内容，然后浏览器载入指定的 Applet 类字节码文件并创建一个对象，最后才启动 JVM 执行 Applet 字节码文件。将一个 Applet 类字节码文件嵌入 HTML 文件的最简单方法是创建一个网页文件，然后只需直接双击该网页文件或运行 Java 自带的仿真浏览器 appletviewer 即可运行 Applet 小程序。

2. Applet 生命周期及其方法

每个程序都有一个主线程，Applet 的主线程是从浏览器加载的那一时刻开始的。随着主线程经历一个生命周期后正常结束，Applet 也就结束了。因此，Applet 程序也存在着生命周期，Applet 程序在其生命周期一般都要经历初始化、运行、停止和消亡 4 个状态。为了比较完整地解释 Applet 运行的基本原理和基本机制，

Applet 类提供了与这 4 个状态对应的 4 个方法：init()、start()、stop()和 destroy()，它们简单地描述了 Applet 程序的基本框架。

(1)init()方法。

Applet 类本身的 init()方法的方法体是空的，是不能执行什么操作的，但只要 Applet 程序投入运行，该方法立即被调用，使程序进入初始态，虽然它并不能具体实现任何操作。创建一个 Applet 类的子类对象，以诸如处理由浏览器传递进来的参数、导入图像和声音文件等操作重写了 init()方法后，程序一旦投入运行立即完成这些初始化工作。init()方法在 Applet 对象的一个生命周期内只能被调用一次，就像一个人只能出生一次一样。

(2)start()方法和 stop()方法。

Applet 程序投入运行自动调用了 init()方法后，会接着调用 start()方法。即 init()方法被调用完毕后，马上自动执行 start()方法，进入运行态。

Applet 程序启动和停止是成对出现的。在程序页面进行最小化，成为非活动或成为非当前页面时，系统会自动调用 stop()方法进入停止态，但由 Java 所创建的 Applet 对象不会消失，它只是在后台运行而已。当页面最大化或成为当前活动页面时，又会自动调用 start()方法使程序进入运行态。因此，为了节省浏览器的资源开销，很多情况下可以调用 stop()方法使一些不必时刻保持运行状态的 Applet 程序进入后台运行，当用户需要使用时又可以随时调用 start()方法返回。

stop()方法的主要功能是中止一些消耗系统资源的工作(如中断一个线程)，避免影响系统的运行速度和效率。在停止态，也可调用 destroy()方法，直接进入死亡态(如浏览器关闭)。

start()方法和 stop()方法在 Applet 的一个生命周期中可多次执行，就像一个人一生中事业起起落落一样，它们是 Applet 程序的主体，在其中可以执行一些需要重复执行的任务或者重新启动某个线程，如开始播放动画或声音等。

(3)destroy()方法。

destroy()方法用于释放 init()方法中导入的初始化资源并终止程序的运行，使程序进入死亡状态，它通常在 stop()方法之后被调用。比如，当装载 Applet 字节码文件的浏览器正常关闭时，自动调用 destroy()方法，Applet 对象也将被销毁。

3. Applet 中常用方法介绍

(1)URL getCodeBase(URL url)。

返回与调用 Applet 相关 Java 文件的路径信息。

(2)URL getDocumentBase(URL url)。

返回与调用 Applet 相关 HTML 文件的路径信息。

(3)Image getImage (URL url, String image)。

返回一个 Image 对象，它封装由 url 指定路径的名称为 image 的图像。

(4)String getParameter (String paramName)。

返回 HTML 文档中标记描述的 NAME 为 paramName 的参数的值。如果指定参数找不到则返回 NULL。

(5)void play (URL url,String Name) 。

播放由 url 指定路径的名称为 Name 的音频文件。

(6)void showStatus(String str) 。

在浏览器或 Applet 阅读器的状态栏显示 str。

4. Applet 与 Application 比较

Application(Java 应用程序)和 Applet(Java 小应用程序)是 Java 提供的两种不同类型的程序。

(1)Application 是可以直接在计算机上运行的程序，与其他常见的应用程序类似；Applet 是通过网络传输并在客户端运行的 Java 程序，通常使用浏览器或 JavaAppletviewer(Applet 阅读器)来运行 Applet 程序。为了通过浏览器或 Appletviewer来运行 Applet 程序，除编写 Applet 的 Java 文件外，还要编写相应的 HTML 文件。

(2)在 Application 中需要编写 main( )方法才能正确运行，任何 Java Application 都以 main( )方法作为程序的入口，但 Applet 不需要编写 main( )方法。

实验一　Java Applet 的生命周期

一、实验目的

1. 掌握 Java Applet 程序的基本结构和编写方式。
2. 了解 Java Applet 的生命周期和执行过程。

二、实验内容

创建一个 Applet 小应用程序，说明 Applet 的生命周期。

实验步骤：

(1)在 Eclipse 中创建一个新的工程 JavaPrg，新建一个文件 LifeCycle. java，将程序清单 7-1 中的程序输入并保存。

程序清单 7-1

```
import java.applet.Applet;
import java.awt.Graphics;

public class LifeCycle extends Applet {
  StringBuffer buffer=new StringBuffer();
  public void init() {
    addWords("执行了初始化方法 init()...");
  }
  public void start() {
    addWords("执行了开始方法 start()...");
  }
  public void stop() {
    addWords("执行了停止方法 stop()...");
  }
  public void destroy() {
    addWords("执行了销毁方法 destroy()...");
  }
  void addWords(String s) {
    System.out.println(s);
    buffer.append(s);
    repaint();
  }
  public void paint(Graphics g) {
    g.drawString(buffer.toString(),5,15);
  }
}
```

(2) 编译 LifeCycle.java 文件。

(3) 编写用于显示 LifeCycle.class 的 HTML 文件 LifeCycle.html,代码如下:

```
<html>
<applet code=" LifeCycle.class " width=300 height=120>
</applet >
</html>
```

(4) 通过命令提示符窗口调用小应用程序查看器浏览 LifeCycle.html 页面,观察 Applet 应用程序。

上机思考题

在小应用程序运行后，将窗口最小化，然后还原，分析为什么不同动作会有不同语句输出。

实验二　利用 Applet 实现动画效果

一、实验目的

1. 掌握 Java Applet 程序的基本结构和编写方式。
2. 掌握 Java Applet 程序的图形及文字绘制方式。

二、实验内容

创建一个 Applet 小应用程序，实现文字运动的动画效果。在 Applet 画面中用红色大号字体绘制“欢迎光临”4 个字，让其自左向右移动，移动到右边边缘时，再重新回到左边。

实验步骤：

(1)在 Eclipse 中创建一个新的工程 JavaPrg，新建一个文件 Welcome. java，将程序清单 7-2 中的程序输入并保存。

程序清单 7-2

```
import java.awt.*;
import java.applet.*;

public class Welcome extends Applet {
  int pos=10;   //从左边第 10 个像素位置开始绘制
  Image graph;
int w;
public void paint(Graphics g) {
  String str="欢迎光临";
  Font f=new Font("黑体",Font.BOLD,30);
  FontMetrics fm=getFontMetrics(f);
  w=fm.stringWidth(str);
```

```
        g.setFont(f);
        g.setColor(Color.red);
        g.drawString(str,pos,40);
        try {
          Thread.sleep(500);  //延迟
        }catch(InterruptedException e) { }
        pos++;
        if (pos+w>getWidth())  //至右边界回到头部
            pos=10;
        repaint();
      }
    }
```

(2) 编译 Welcome.java 文件。

(3) 编写用于显示 Welcome.class 的 HTML 文件 Welcome.html,代码如下。

```
<html>
<applet code=" Welcome.class " width=300 height=120>
</applet >
</html>
```

(4) 通过命令提示符窗口调用小应用程序查看器浏览 Welcome.html 页面观察 Applet 应用程序。

三、上机思考题

在 JApplet 类中添加 3 个带有图片的按钮和一个带有图片的标签。

实验三　Applet 的参数传递

一、实验目的

1. 掌握 Java Applet 程序的基本结构和编写方式。
2. 掌握 Java Applet 程序的参数传递。

二、实验内容

利用 HTML 页面向 Applet 程序传递参数。

实验步骤：

（1）在 Eclipse 中创建一个新的工程 JavaPrg，新建一个文件 AppletParam.java，将程序清单 7-3 中的程序输入并保存。

程序清单 7-3

```
import java.awt.*;
import java.applet.*;

public class AppletParam extends Applet
{
  int x=0,y=0;
public void init()
{
  String s1=getParameter("girl");   //从 html 得到"girl"的值
  String s2=getParameter("boy");   //从 html 得到"boy"的值
  x=Integer.parseInt(s1);
  y=Integer.parseInt(s2);
}
public void paint(Graphics g)
{  g.drawString("x="+x+","+"y="+y,90,120);
}
}
```

（2）编写 AppletParam.html 文件，向 AppletParam 类传递两个参数：

```
<applet code= AppletParam.class width=200 height=200>
  <Param name="girl"  value ="160">
  <Param name="boy"  value ="175">
</applet>
```

（3）通过命令提示符窗口调用小应用程序查看器浏览 AppletParam.html 页面，观察 Applet 应用程序。

三、上机思考题

编写一个 Applet 程序从网页文件转入三个数，输出其中的最大值和最小值。

第八章　文件和流

文件系统的处理在Java语言中有着重要的地位。通过文件的使用,了解流式输入输出的基本概念,熟悉Java.io包中常用的基本输入输出类,掌握程序与文件之间的基本输入输出操作。本章主要从如下几个方面做了介绍:I/O流概述、文件类File、字符文件输入流FileReader、字符文件输出流FileWriter、随机文件类和文件的读写操作。

预备知识

在Java中,应用程序所需要读入的数据和写出的数据是通过I/O操作实现的。这些读写数据的源或目的包括文件、内存、网络连接等,其中,最常用的是文件。因此下面的实验,首先介绍Java语言中标准的输入输出,然后介绍文件的读写操作。

"流"是指在数据源(数据起点)和数据宿(数据终点)之间所建立的能按顺序进行读写操作的数据通道。一旦在程序和数据源/数据宿之间建立了流对象,所有输入输出操作都转换为对流的操作,从而大大降低了程序数据输入输出的复杂性。

按数据的流向,流分为输入流和输出流,输入流的数据宿为程序,即用来向程序流入数据,而输出流则从程序流出数据。

按数据基本单位类型,流又分为字符流和字节流,字符流中数据表示为字符信息,而字节流中数据由顺序排列的八位二进制数构成。

按流的另一端对象的不同,流又可以分为:

①文件流,用来从文件读入数据和向文件输出数据。

②数组流,从数组读入或向数组输出数据。

③管道流,从另一程序读入数据或向另一程序输出数据。

④过滤流,连接程序与另一个流,起到缓冲与数据过滤的效果。

如此多种分类的组合,实际使得使用类的种类繁多,java.io包提供全部可重用类,程序员根据需要选择适当的类,创建相应的输入输出流,可以方便地进行数据的输入输出操作。这里仅按本例程序需要介绍几个常用的类。

1. I/O 流概述

标准数据流指在字符方式下(如 DOS 提示符)程序与系统进行输入输出的方式,键盘和显示器屏幕是标准输入输出设备,数据输入的起点为键盘,数据输出的终点是屏幕,输出的数据可以在屏幕上显示出来。输入/输出处理是程序设计中非常重要的一部分,比如从键盘读取数据、从文件中读取数据或向文件中写数据等。Java 把这些不同类型的输入、输出源抽象为流(stream),用统一接口来表示,从而使程序简单明了。Jdk 提供了包 java.io,其中包括用一系列的类来实现输入/输出处理。

2. 文件类 File

这个类的实例表示主机文件系统中的一个文件或文件夹(或称目录)。一个文件能通过一个路径名指定,此路径名可以是一条绝对路径名,也可以是一条相对于当前工作目录的相对路径名。路径名必须遵循主机平台的命名约定。

常用变量:separator 与系统相关的路径分隔符字符。

常用构造:File(File, String)用文件表示的目录和文件名指定文件。

File(String)用完整路径指定文件。

File(String, String)用目录路径名后跟分隔符字符和文件名指定文件。

常用方法:canRead()测试应用程序是否能从指定的文件中进行读取。

canWrite()测试应用程序是否能写当前文件。

delete()删除当前对象指定的文件。

exists()测试当前 File 是否存在。

getName()返回表示当前对象的文件名。

getPath()返回表示当前对象的路径名。

isDirectory()测试当前 File 对象表示的文件是否是一个路径。

isFile()测试当前 File 对象表示的文件是否是一个"普通"文件。

lastModified()返回当前 File 对象表示的文件最后修改的时间。

length()返回当前 File 对象表示的文件长度。

list()返回当前 File 对象指定的路径文件列表。

list(FilenameFilter)返回当前 File 对象指定的目录中满足指定过滤器的文件列表。

mkdir()创建一个目录,它的路径名由当前 File 对象指定。

renameTo(File)将当前 File 对象指定的文件更名为给定参数 File 指定的路径名。

3. 字符文件输入流 FileReader

读取字符文件的方便类。这个类的构造方法假定缺省字符编码和缺省字节缓冲尺寸是正确的。

常用构造：FileReader(File)连接到文件对象。

FileReader(String)连接到文件名指定的文件。

常用方法：close()关闭流。

getEncoding()返回当前流使用的编码方式名。

read()返回读取的字符；如果已读到流尾则返回－1。

read(char[] cbuf, int off, int len) 将若干字符读入一个数组中。

参数：cbuf：目的缓冲区。

off：开始存储字符的串偏移 。

len：读取的最大字符数 。

返回值：读取的字符数；如果已读到流尾则返回－1。

ready()报告此流是否已准备读。

4. 字符文件输出流 FileWriter

输出字符文件的方便类。假定缺省字符编码和缺省字节缓冲尺寸是可接受的。

常用构造：FileWriter (File)连接到文件对象。

FileWriter(String)连接到文件名指定的文件。

常用方法：close()关闭流。

flush()刷新流。

getEncoding()返回当前流使用的编码方式名。

write(char[] cbuf, int off, int len)将若干字符写入一个数组中。

参数：cbuf：字符缓冲。

off：开始写字符的串偏移。

len：写入的字符数。

write(int)写入单一字符。

write(String, int, int)写入一个字符串的某部分。

5. 随机文件类

使用文件输入类 FileReader 只能将文件内容全部读入。如果要选择读入文件的内容，可使用随机文件类 RandomAccessFile。对于 InputStream 和 OutputStream 来说，它们的实例都是顺序访问流，也就是说，只能对文件进行顺序地读/写。随机访问文件则允许对文件内容进行随机读/写。在 java 中，类 RandomAccessFile 提供了随机访问文件的方法。RandomAccessFile 类既不是输入流 Input-

Stream 的子类，也不是输出流 OutputStream 的子类。RandomAccessFile 类创建的流的指向既可以作为源也可以作为目的地，当想对一个文件进行读写操作时，创建一个指向该文件的 RandomAccessFile 流即可。

6. 文件的读写操作

使用数据输入流 DataInputStream 和数据输出流 DataOutputStream 可以读取或写入任何 Java 类型的数据，不用关心它们的实际长度是多少字节。一般与文件输入流 FileInputStream 和输出流类 FileOutputStream 一起使用。

实验一　输入输出流

一、实验目的

1. 了解和掌握标准输入输出流的概念。
2. 使用标准输入输出流读取和显示信息。

二、实验内容

实验步骤：

使用标准输入输出流，程序功能是将键盘上输入的字符在屏幕上显示出来。

(1)启动 Eclipse 集成开发环境。

(2)点击“文件”→“新建”→“项目”，选择“Java 项目”。

(3)输入项目名：Ch08，然后点击“完成”。

(4)点击“文件”→“新建”→“类”。

(5)输入类名称：Example8_1，勾选 public static void main(String[]args)方法，点击完成。

(6)编写 Example8_1.java 程序文件。

参考源代码如下：

程序清单 8-1

```
class Example8_1{
  public static void main(String[] args) throws java.io.IOException {
    byte buffer[]=new byte[10];
    System.out.println("从键盘输入不超过 10 个字符，按回车键结束输入：");
```

```
int count =System.in.read(buffer);//读取输入的字符并存放在缓冲区 buffer
中 System.out.println("保存在缓冲区 buffer 中元素的个数为:"+count);
System.out.println(" buffer 中各元素的值为:");
for (int i=0;i<count;i++){
System.out.print("     "+ buffer[i]);//在屏幕上显示 buffer 元素的值
}
System.out.println();
System.out.println("输出 buffer 字符元素:");
System.out.write(buffer, 0, buffer.length);
}
}
```

(7)编译并运行程序。

三、上机思考题

编写程序,该程序将整型变量 n=20、实型变量 b=3.14 和字符型变量 c='a'显示在屏幕上。

实验二　使用字符输入输出流

一、实验目的

1. 了解和掌握字符流的概念。
2. 会运用字符流读写文件信息。

二、实验内容

实验步骤:

使用字符流读写文件信息:将保存在本地机当前文件夹中的 Example8_2.HTML文本文件的内容在屏幕上显示出来,然后将其另存为 Example8_2.txt 文件。

(1)在项目 Ch08 中创建类。

(2)编写 Example8_2.java 程序文件。

参考源代码如下:

程序清单 8-2

```
import java.io.*;
public class    Example8_2 {
  public static void main(String[] args) throws IOException {
    FileReader in=new FileReader("Example8_2.HTML");  //建立文件输入流
    BufferedReader bin=new BufferedReader(in);  //建立缓冲输入流
    FileWriter out=new FileWriter("Example8_2.txt",true);  //建立文件输出流
    String str;
    while ((str=bin.readLine())!=null) {
      //将缓冲区内容通过循环方式逐行赋值给字符串 str
      System.out.println(str);  //在屏幕上显示字符串 str
      out.write(str+"\n");  //将字符串 str 通过输出流写入 Example6_2.txt
    }
  in.close();
  out.close();
  }
}
```

(3)编译并运行程序。

三、上机思考题

编写程序,该程序实现打开一个文本文件,每次读取一行内容,将每行作为一个字符串读入,并将字符串输出显示到屏幕上。

实验三　使用随机文件类

一、实验目的

1. 了解和掌握随机文件类的概念。

2. 会使用随机文件类读写文件信息。

二、实验内容

实验步骤:

使用随机文件类读写文件信息：建立数据流，通过指针有选择地读入文件内容。

(1)在项目 Ch08 中创建类。

(2)编写 Example8_3.java 程序文件。

参考源代码如下：

程序清单 8-3

```
import java.io.*;
class Example8_3 {
  public static void main(String args[]) {
  String str[]={"First line\n","Second line\n","Last line\n"};
try {
  RandomAccessFile rf=new RandomAccessFile("Example8_3.txt","rw");
  System.out.println("\n 文件指针位置为:"+rf.getFilePointer());
  System.out.println("文件的长度为:"+rf.length());
  rf.seek(rf.length());
  System.out.println("文件指针现在的位置为:"+rf.getFilePointer());
  for (int i=0; i<3; i++)
  rf.writeChars(str[i]);      // 字符串转为字节串添加到文件末尾

  rf.seek(10);
  System.out.println("\n 选择显示的文件内容:");
  String s;
  while ((s=rf.readLine())! =null)
  System.out.println(s);
  rf.close();
}
catch (FileNotFoundException fnoe) {}
catch (IOException ioe) {}
}
}
```

(3)编译并运行程序。

三、上机思考题

使用 RandomAccessFile，把 10 个 int 类型整数写入到一个名字为 tom.dat 的文件中，然后按照相反的顺序读出这些数据并显示。

实验四　文件的读写操作

一、实验目的

1. 了解和掌握字节流的概念。
2. 会使用字节流的读写文件信息。

二、实验内容

实验步骤：

使用字节流读写文件信息：将整型数据和字符串对象通过数据输出流写到文件中。将文件中的整型数据和字符串对象通过数据输出流读出，并在屏幕上显示文件中的内容。

(1)在项目 Ch08 中创建类。

(2)编写 Example8_4.java 程序文件。

参考源代码如下：

程序清单 8-4

```
import java.io.*;
public class Example8_4
{
  public static void main(String arg[])
  {
  try
  {  //添加方式创建文件输出流
  FileOutputStream fout = new FileOutputStream("LX5_6.txt",true);
  DataOutputStream dout = new DataOutputStream(fout);
  dout.writeInt(1);
  dout.writeChars("罗马"+"\n");
  dout.writeInt(2);
  dout.writeChars("北京    "+"\n");
  dout.close();
}
```

```
catch (IOException ioe){}
try
{
  FileInputStream fin = new FileInputStream("LX5_6.txt");
  DataInputStream din = new DataInputStream(fin);
  int i = din.readInt();
  while (i! =-1)  //输入流未结束时,输入流结束时 i 为-1
{
  System.out.print(i+"  ");
  char ch ;
  while ((ch=din.readChar())! ='\n')  //字符串未结束时
    System.out.print(ch);
  System.out.println();
  i = din.readInt();
}
din.close();
}
catch (IOException ioe){}
}
}
```

(3)编译并运行程序,结果如图 8-1 所示。

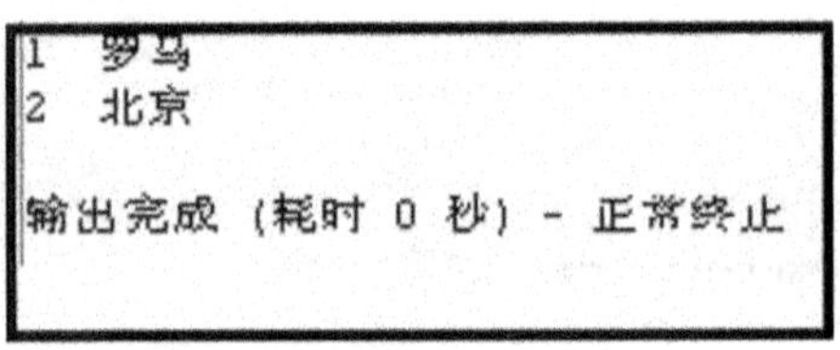

图 8-1　运行结果

三、上机思考题

编写一个程序,在控制台的窗口中提示输入两个整数,然后接收这两个整数,并输出它们的和。下面是运行过程的示例:

请输入第一个整数:***45***

请输入第二个整数:***23***

计算结果:45+23=68

上面的两个黑斜体整数是用键盘输入的,其余字符是程序输出的。

第九章　多线程程序设计

预备知识

1. 线程的基本概念

多线程是指一个程序中可以包含两个或两个以上同时并发运行的程序单元，每个程序单元称为一个线程。Java 为多线程编程提供了语言级的支持，因此可以编写高效率的程序。一个线程从它被创建到运行结束的过程，称为线程的生命周期。在这个生命周期里，线程有着不同的状态，并在这些状态间进行转换。图 9-1 显示了一个线程首先通过 new 语句被创建出来，一旦调用线程的 start( )方法，就转变到就绪状态。处于就绪状态的线程一旦获得 CPU 资源，就进入运行态。正在运行的线程执行完毕就进入结束态，或者由于 suspend，sleep，wait 等操作转为阻塞态，随着阻塞态的结束，线程又重新回到就绪态，等待运行或直接进入结束态。

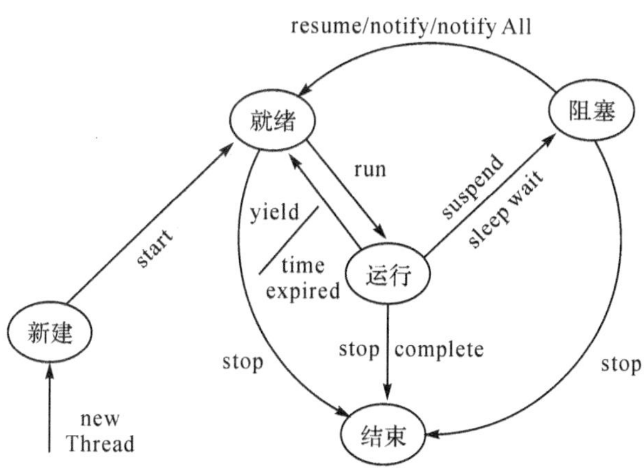

图 9-1　线程状态转换

2. 线程的创建和使用

在 Java 中使用多线程有如下两种方式。

①继承 Thread 线程类。

②实现 Runnable 接口。

在 Thread 类中有两个主要的方法，一个是 run( )方法，另一个是 start( )方法，在 Thread 类的派生类中要覆盖这个 run( )方法，将多线程代码放入其中。start( )方法的作用是启动一个线程，它会自动地去调用 run( )方法以执行该线程。

Runnable 接口是实现多线程的另一种方式。该接口中包含一个 run( )方法，只需实现这个 run( )方法即可。这样一来，任何一个实现了 Runnable 接口的类就具备了实现多线程的能力。

在实际编程中，通过 Runnable 接口实现多线程要比直接用 Thread 类继承来实现多线程更为灵活和方便。通常在以下两种情况下应使用 Runnable 接口实现多线程。

①如果仅仅是覆盖 Thread 类的 run( )方法，而不想修改该类的其他方法，那么最好考虑使用 Runnable 接口。

②如果要设计一个能实现多线程的类，而该类的直接父类在逻辑上又不应该是 Thread 类，这时就必须使用 Runnable 接口，例如：设计一个多线程的 Applet 类。

创建和使用多线程的两种模式：

①继承 Thread 类。

```
class MyThread extends Thread
{
…
public void run( ) {  … }
…
}
```

```
class Mainclass
{…
public static void main( ) {
    MyThread t =new MyThread( )
 t.start( );
 }
 …
}
```

②实现 Runnable 接口。

```
class MyRunnable implements Runnable
{ …
public void run( ) {  … }
…
}
```

```
class Mainclass {
…
public static void main( ) {
  MyRunnable runnableObj
                    = new MyRunnable( );
Thread t =new Thread(runnableObj) t.start( );
}
…
}
```

3. 线程的同步和通信

当多个线程同时并发执行时，往往需要保持一定的协调性，这种协调的过程称为同步。通常在以下两种情况下，要求线程间保持同步。

①多个线程共享访问同一个资源，而该资源一次只能由一个线程访问。

②几个线程在执行顺序上有着一定的先后关系。

Java 使用监控器（Monitor）和锁（Lock）机制来完成同步，在 Java 中，所有的对象都隐含了一把锁，这把锁控制着对象中的同步方法的访问。对象中的方法分成两类，一类是同步方法（用关键字 synchronized 修饰），一类是普通方法，对同步方法的访问一定要获得该对象的锁才能进行。

（1）实现同步的 synchronized 方法。

实现同步的最简单办法就是在用户认为需要同步的方法前面加上 synchronized 修饰。例如：

synchronized 返回类型　方法名（形参表）{…}

这样一来，该方法就成为了同步方法，当一个线程调用一个对象的同步方法时，该对象就会立刻被锁住，然后同步方法被执行，在执行期间，其他的线程将无法访问该对象的同步方法，直到该同步方法在某个线程中执行完毕，对象才会被解锁，以允许其他线程访问该方法。

（2）实现同步的 synchronized 语句。

synchronized 语句是实现线程同步的另一种方式，格式如下：

```
synchronized  (object){
需要同步的语句
}
```

这里的 object 是需要同步访问的对象，而接下来的语句块中将包含对该 object 对象的成员的访问，synchronized 语句能够直接锁住对象，继而对该对象进行独占式的访问，在此期间，其他线程无法访问该对象，直到该语句块执行结束，对象锁被释放。

（3）wait( )、notify( )、notifyAll( )方法。

在某些情况下，如果并发的线程运行时应该遵循某种逻辑上的先后关系，或者当一个线程正在运行时，由于某个资源尚不具备，这时该线程就应暂时放弃对已获对象的控制权，以使其他需要该对象的线程得以运行。Java 提供了 wait( )、notify( )、notifyAll( )方法以完成这种线程间的通信，wait( )、notify( )、notifyAll( )这三个方法是在 object 类中定义的，这意味着 Java 中的任何对象都能使用它们。一个线程在执行过程中如果调用了 wait( )方法，则该线程就会由运行态转变为阻塞态，同时调用该 wait( )方法的对象上的对象锁也会被释放，以允许其他线程访问该对象。而当某个其他线程访问完该对象并使用了 notify( )或 notifyAll( )后，原先阻塞的线程将会被唤醒并进入就绪态等待运行。notify( )是唤醒所在对象上的一个阻塞线程，而 notifyAll( )则是唤醒所在对象上的所有阻塞线程。

实验一　线程类 Thread 的使用

一、实验目的

1. 理解线程的概念及生命周期。

2. 掌握使用线程类 Thread 建立多线程程序。

二、实验内容

编写 Java 程序，用创建 Thread 子类的方法实现简单的多线程程序。

实验步骤：

(1)在 Eclipse 中创建一个新的工程 JavaPrg，新建一个文件 SimpleThread.java，将程序清单 9-1 中的程序输入并保存。

程序清单 9-1

```
class SimpleThread extends Thread {
  public SimpleThread(String str) {
    super(str);
  }
  public void run() {
    for (int i = 0; i < 10; i++) {
        System.out.println(i + " " + getName());
        try {
            sleep((int)(Math.random() * 1000));
        } catch (InterruptedException e) {}
    }
    System.out.println("DONE! " + getName());
  }
}
```

(2) 编写 TwoThreadsTest.java 程序文件,程序源代码如下:

```
public class TwoThreadsTest {
  public static void main (String[] args) {
    new SimpleThread("Go to Hangzhou?? ").start();
    new SimpleThread("Stay home!! ").start();
  }
}
```

(3) 编译程序 SimpleThread.java、TwoThreadsTest.java,运行 TwoThreadsTest 程序。

三、上机思考题

运用线程类 Thread 编写一个多线程龟兔赛跑程序。乌龟:速度慢,休息时间短;兔子:速度快,休息时间长。

实验二　线程接口 Runnable 的使用

一、实验目的

1. 理解线程的概念及生命周期。
2. 掌握使用线程接口 Runnable 建立多线程程序。

二、实验内容

运用 Runnable 接口编写一小应用程序多线程时钟,实时显示当前时间并逐秒进行更新。

实验步骤:

(1)在 Eclipse 中创建一个新的工程 JavaPrg,新建一个文件 Clock.java,将程序清单 9-2 中的程序输入并保存。

程序清单 9-2

```
import java.awt.*;
import java.applet.*;
import java.util.*;
```

```
public class Clock extends Applet implements Runnable{
  Thread clockThread;
  public void start(){
    if(clockThread==null){
      clockThread=new Thread(this," Clock ");
      clockThread.start();
    }
  }
  public void run(){
    while(clockThread != null){
      repaint();
      try{
        clockThread.sleep(1000);
      }catch(InterruptedException e){}
    }
  }
  public void repart(Graphics g){
    Date now=new Date();
    g.drawString(now.getHours()+":"+now.getMinutes()+":"+now.getSeconds
(),5,10);
  }
  public void stop(){
    clockThread.stop();
    clockThread=null;
  }
}
```

(2)编译 Clock.java 文件。

(3)编写用于显示 Clock.class 的 HTML 文件 Clock.html,代码如下:

```
<html>
<applet code=" Clock.class " width=300 height=120>
</applet >
</html>
```

(4)通过命令提示符窗口调用小应用程序查看器浏览 Clock.html 页面,观察 Applet 应用程序。

三、上机思考题

运用线程类 Runnable 编写一个多线程龟兔赛跑程序。乌龟:速度慢,休息时间短;兔子:速度快,休息时间长。

实验三　多线程选号程序

一、实验目的

1. 理解线程的概念及生命周期。
2. 使用多线程机制解决实际问题。

二、实验内容

编写选号程序,在图形窗口中设置6个标签,每个标签上显示0～9之间的一位数字,每位数字用一个线程控制其变化;同时设置一个"停止"按钮,当点击"停止"按钮时,所有标签的数字停止变化。

实验步骤:

(1) 编写 LuckyNumber.java 文件,源程序如下:

```
import java.awt.*;
class LuckyNumber extends Label implements Runnable{
  int value;
  boolean stop=false;
  public LuckyNumber (){
    super(" number ");
    value=0;
  }
  public void run() {
    for (;;) {
      value=(int)(Math.random()*10);  //产生一个0到9的数字
      setText(Integer.toString(value));
      try {
          Thread.sleep(500);
      }
      catch (InterruptedException e) { }
      if (stop)  //停止标记为true,退出循环,结束运行
          break;
```

```
      }
    }
  }
```

(2) 编写 NumFrame.java 文件,源程序如下:

```
import java.awt.Button;
import java.awt.FlowLayout;
import java.awt.Frame;
import java.awt.Panel;
import java.awt.event.ActionEvent;
import java.awt.event.ActionListener;

public class NumFrame extends Frame{
  LuckyNumber x[]=new LuckyNumber [6];  //安排 6 个标签,每个标签显示 1 个数字
  Button control;
  public NumFrame(String title) {
    super(title);
    Panel disp=new Panel();
    disp.setLayout(new FlowLayout());
    for (int i=0;i<6;i++ ) {
      x[i]=new LuckyNumber();
      disp.add(x[i]);
      new Thread(x[i]).start();
    }
    add(" Center ",disp);
    control=new Button("停止");
    add(" North ",control);
    pack();
    setVisible(true);
    control.addActionListener(new ActionListener(){
      public void actionPerformed(ActionEvent e) {
        for(int i=0;i<6;i++)
          x[i].stop=true;
      }
    }
  );
}
```

```
    public static void main(String args[]) {
        new NumFrame(" Test ");
    }
}
```

(3) 编译程序 LuckyNumber.java、NumFrame.java,运行 NumFrame 程序。

三、上机思考题

编写一个猜数字游戏,其中一个线程生成随机数,让另一个线程猜。

第十章　网络程序设计

预备知识

1. 网络基本概念

网络编程的目的就是直接或间接地通过网络协议与其他计算机进行通信。目前使用最广泛的网络协议是 Internet 上使用的 TCP/IP。网络编程中有两个主要的问题，一个是如何准确地定位网络上一台或多台主机，另一个就是找到主机后如何可靠高效地进行数据传输。在 TCP/IP 中，IP 层主要负责网络主机的定位，数据传输的路由，由 IP 地址可以唯一地确定 Internet 上的一台主机。而 TCP 层则提供面向应用的可靠的或非可靠的数据传输机制，这是网络编程的主要对象，一般不需要关心 IP 层是如何处理数据的。

IP 地址：标识计算机等网络设备的网络地址，由 4 个 8 位的二进制数组成，中间以小数点分隔。如：166.111.136.3，166.111.52.80。

端口号(port number)：网络通信时本计算机应用层的不同进程的标识，如：80，21，23，25，其中，1～1024 为系统保留的端口号。

在 Internet 上，IP 地址和主机名是一一对应的，通过域名解析可以由主机名得到机器的 IP 地址，由于机器名更接近自然语言，容易记忆，所以使用比 IP 地址广泛，但是对机器而言，只有 IP 地址才是有效的标识符。通常一台主机上总是有很多个进程需要网络资源进行网络通信。网络通信的对象准确地讲不是主机，而应该是主机中运行的进程。这时候光有主机名或 IP 地址来标识这么多个进程显然是不够的。端口号就是为了在一台主机上提供更多的网络资源而采取的一种手段，也是 TCP 层提供的一种机制。只有通过主机名或 IP 地址和端口号的组合才能唯一地确定网络通信中的对象：进程。服务类型(service)：有 http，telnet，ftp，smtp 等。服务类型是在 TCP 层上面的应用层的概念。基于 TCP/IP 可以构建出各种复杂的应用，服务类型是那些已经被标准化了的应用，一般都是网络服务器(软件)。读者可以编写自己的基于网络的服务器，但都不能被称作标准的服务类型。

2. 两类传输协议：TCP 和 UDP

TCP 是 Tranfer Control Protocol 的简称，是一种面向连接的保证可靠传输的协议。通过 TCP 传输，得到的是一个顺序的无差错的数据流。发送方和接收方的成对的两个 Socket 之间必须建立连接，以便在 TCP 的基础上进行通信，当一个 Socket(通常都是 Server Socket)等待建立连接时，另一个 Socket 可以要求进行连接，一旦这两个 Socket 连接起来，它们就可以进行双向数据传输，双方都可以进行发送或接收操作。UDP 是 User Datagram Protocol 的简称，是一种无连接的协议，每个数据报都是一个独立的信息，包括完整的源地址或目的地址，它在网络上以任何可能的路径传往目的地，因此能否到达目的地，到达目的地的时间以及内容的正确性都是不能被保证的。下面对这两种协议做简单比较。

使用 UDP 时，每个数据报中都给出了完整的地址信息，因此不需要建立发送方和接收方的连接。对于 TCP，由于它是一个面向连接的协议，在 Socket 之间进行数据传输之前必然要建立连接，所以在 TCP 中多了一个连接建立的时间。使用 UDP 传输数据时是有大小限制的，每个被传输的数据报必须限定在 64KB 之内。而 TCP 没有这方面的限制，一旦连接建立起来，双方的 Socket 就可以按统一的格式传输大量的数据。UDP 是一个不可靠的协议，发送方所发送的数据报并不一定以相同的次序到达接收方。TCP 是一个可靠的协议，它确保接收方完全正确地获取发送方所发送的全部数据。

总之，TCP 在网络通信上有极强的生命力，例如，远程连接(Telnet)和文件传输(FTP)都需要不定长度的数据被可靠地传输。相比之下 UDP 操作简单，而且仅需要较少的监护，因此通常用于局域网高可靠性的分散系统中的 Client/Server 应用程序。

3. URL 的组成

URL(Uniform Resource Locator)是一致资源定位器的简称，它表示 Internet 上某一资源的地址，URL 的组成为 protocol://resourceName 协议名(protocol)指明获取资源所使用的传输协议，如 http、ftp、gopher、file 等，资源名(resourceName)则应该是资源的完整地址，包括主机名、端口号、文件名或文件内部的一个引用。例如：

http://www.sun.com/协议名://主机名

http://home.netscape.com/home/welcome.html 协议名://机器名＋文件名

http://www.gamelan.com : 80/Gamelan/network.html # BOTTOM 协议名://机器名＋端口号＋文件名＋内部引用

一个 URL 对象生成后，其属性是不能被改变的，但是可以通过类 URL 所提供的方法来获取这些属性：

public String getProtocol( )获取该 URL 的协议名。

public String getHost( )获取该 URL 的主机名。

public int getPort( )获取该 URL 的端口号，如果没有设置端口，返回-1。

public String getFile( )获取该 URL 的文件名。

public String getRef( )获取该 URL 在文件中的相对位置。

public String getQuery( )获取该 URL 的查询信息。

public String getPath( )获取该 URL 的路径。

public String getAuthority( )获取该 URL 的权限信息。

public String getUserInfo( )获得使用者的信息。

创建一个 URL 的方法：

(1)public URL(String spec)；通过一个表示 URL 地址的字符串可以构造一个 URL 对象。

URL urlBase＝new URL("http://www. 263. net/")

(2)public URL(URL context, String spec)；通过基于 URL 和相对 URL 构造一个 URL 对象。

URL net263＝new URL ("http://www. 263. net/")；

URL index263＝new URL(net263, "index. html ")

(3)public URL(String protocol, String host, String file)；

new URL("http ", "www. gamelan. com ", "/pages/Gamelan. net. html ")；

(4)public URL(String protocol, String host, int port, String file)；

URL gamelan＝new URL(" http ", " www. gamelan. com ", 80, " Pages/Gamelan. network. html ")；

4. Socket 编程

网络上的两个程序通过一个双向的通信连接实现数据的交换，这个双向链路的一端称为一个 Socket。Socket 通常用来实现客户方和服务方的连接。一个 Socket 由一个 IP 地址和一个端口号唯一确定。在传统的 UNIX 环境下可以操作 TCP/IP 协议的接口不止 Socket 一个，Socket 所支持的协议种类也不光 TCP/IP 一种，因此两者之间是没有必然联系的。在 Java 环境下，Socket 编程主要是指基于 TCP/IP 协议的网络编程。说 Socket 编程是低层次网络编程并不等于它功能不强大；恰恰相反，正因为层次低，Socket 编程比基于 URL 的网络编程提供了更强大的功能和更灵活的控制，但是却要更复杂一些。由于 Java 本身的特殊性，Socket 编程在 Java 中可能已经是层次最低的网络编程接口，在 Java 中要直接操作协议中更低的层次，需要使用 Java 的本地方法调用(JNI)，在这里就不予讨论了。Socket 通常用来实现 C/S 结构。使用 Socket 进行 Client/Server 程序设计的一般连接过程是这样的：Server 端 Listen(监听)某个端口是否有连接请求，Client 端向 Server 端发出 Connect(连接)请求，Server 端向 Client 端发回 Accept(接受)消息。一个连接就建立起来了。Server 端和 Client 端都可以通过 Send，Write 等方法与对方通信。

实验一　利用 URL 读取 WWW 资源

一、实验目的

1. 理解统一资源定位符 URL 的概念。
2. 学会如何读取 Web 服务器上的文件。

二、实验内容

创建 URL 对象，并可以通过它读取指定的 WWW 资源。

实验步骤：

(1)在 Eclipse 中创建一个新的工程 URLReader，新建一个文件 URLReader.java，将程序清单 10-1 中的程序输入并保存。

程序清单 10-1

```
import java.io. * ;
import java.net. * ;
public class URLReader {
public static void main(String[] args) throws Exception
{
  //声明抛出所有例外
  URL tirc = new URL("http://www.zwu.edu.cn/");
  //构建一 URL 对象
   BufferedReader in = new BufferedReader(new InputStreamReader(tirc.open-
Stream()));
  //使用 openStream 得到一输入流并由此构造一个 BufferedReader 对象
  String inputLine;
  while ((inputLine = in.readLine()) ! = null)  //从输入流不断地读数据，直到
```

读完为止

```
            System.out.println(inputLine); //把读入的数据打印到屏幕上
            in.close(); //关闭输入流
            urlStream.close();
            }
        }
```

(2)调试并编译程序 URLReader.java,运行该程序。

三、上机思考题

编写一个能够读取 Web 服务器上文件的程序,用户只要在上面编辑框里输入合法的 URL,程序就能读取 URL 所指定的文件到本地机器并显示出来。

实验二　基于 TCP 的 C/S 网络编程(单客户)

一、实验目的

1. 学会基于 TCP/IP 的 Socket 通信编程。
2. 掌握输入输出流的使用。

二、实验内容

编制一个聊天程序,该程序使用面向连接的 Socket 通信机制,整个程序分为服务器端和客户端程序两部分,一个客户与服务器能够相互发送文字进行简单的聊天。

实验步骤:

(1)Socket 工作过程。

对于一个功能齐全的 Socket,都要包含以下基本结构,其工作过程包含以下四个基本的步骤:

① 创建 Socket;

② 打开连接到 Socket 的输入/出流;

③ 按照一定的协议对 Socket 进行读/写操作;

④ 关闭 Socket。

第三步是程序员用来调用 Socket 和实现程序功能的关键步骤，其他三步在各种程序中基本相同。以上 4 个步骤是针对 TCP 传输而言的。

(2)创建 Socket。

Java 在报 java.net 中提供了两个类 Socket 和 ServerSocket，分别用来表示双向连接的客户端和服务端。这是两个封装得非常好的类，使用很方便。其构造方法如下：

```
Socket(InetAddress address, int port);
Socket(InetAddress address, int port, boolean stream);
Socket(String host, int prot);
Socket(String host, int prot, boolean stream);
Socket(SocketImpl impl)
Socket(String host, int port, InetAddress localAddr, int localPort)
Socket(InetAddress address, int port, InetAddress localAddr, int localPort)
ServerSocket(int port);
ServerSocket(int port, int backlog);
ServerSocket(int port, int backlog, InetAddress bindAddr)
```

其中，address、host 和 port 分别是双向连接中另一方的 IP 地址、主机名和端口号，stream 指明 Socket 是流 Socket 还是数据报 Socket，localPort 表示本地主机的端口号，localAddr 和 bindAddr 是本地机器的地址（ServerSocket 的主机地址），impl 是 Socket 的父类，既可以用来创建 ServerSocket 又可以用来创建 Socket。count 则表示服务端所能支持的最大连接数。例如：

```
Socket client = new Socket("127.0.01.", 80);
ServerSocket server = new ServerSocket(80);
```

注意，在选择端口时，必须小心。每一个端口提供一种特定的服务，只有给出正确的端口，才能获得相应的服务。0～1023 的端口号为系统所保留，例如，http 服务的端口号为 80，Telnet 服务的端口号为 23，FTP 服务的端口号为 21，所以在选择端口号时，最好选择一个大于 1023 的数以防止发生冲突。

在创建 Socket 时如果发生错误，将产生 IOException，在程序中必须对之作出处理。所以在创建 Socket 或 ServerSocket 时必须捕获或抛出例外。

(3)客户端的 Socket。

下面是一个典型的创建客户端 Socket 的过程。

```
try{
    Socket socket=new Socket("127.0.0.1",4700);
```

```
        //127.0.0.1 是 TCP/IP 协议中默认的本机地址
    }catch(IOException e){
        System.out.println("Error:"+e);
    }
```

这是最简单的在客户端创建一个 Socket 的小程序段，也是使用 Socket 进行网络通信的第一步。

(4)服务器端的 ServerSocket。

下面是一个典型的创建 Server 端 ServerSocket 的过程。

```
ServerSocket server=null;
try {
    server=new ServerSocket(4700);
    //创建一个 ServerSocket 在端口 4700 监听客户请求
}catch(IOException e){
    System.out.println("can not listen to :"+e);
}
    Socket socket=null;
try {
    socket=server.accept();
      /*accept()是一个阻塞方法，一旦有客户请求，它就会返回一个 Socket 对象用
于同客户进行交互*/
    }catch(IOException e){
    System.out.println("Error:"+e);
    }
```

以上的程序是 Server 的典型工作模式，只不过在这里 Server 只能接收一个请求，接受完后 Server 就退出了。实际的应用中总是让它不停地循环接收，一旦有客户请求，Server 总是会创建一个服务线程来服务新来的客户，而自己继续监听。客户方和服务方都建立了用于通信的 Socket，接下来就是由各个 Socket 分别打开各自的输入/输出流。

(5)打开输入输出流。

类 Socket 提供了方法 getInputStream( )和 getOutStream( )来得到对应的输入/输出流以进行读/写操作，这两个方法分别返回 InputStream 和 OutputSteam 类对象。为便于读/写数据，可以在返回的输入/输出流对象上建立过滤流，如DataInputStream、DataOutputStream 或 PrintStream 类对象，对于文本方式流对象，可以采用 InputStreamReader 和 OutputStreamWriter、PrintWirter 等处理。例如：

```
PrintStream os = new PrintStream ( new BufferedOutputStreem ( socket. getOutput-
Stream()));
DataInputStream is=new DataInputStream(socket.getInputStream());
PrintWriter out=new PrintWriter(socket.getOutStream(),true);
BufferedReader in=new ButfferedReader(new InputSteramReader(Socket.getInput-
Stream()));
```

输入/输出流是网络编程的实质性部分，具体如何构造所需要的过滤流，要根据需要而定，能否运用自如主要看读者对 Java 中输入输出部分掌握如何。

(6)关闭 Socket。

每一个 Socket 存在时，都将占用一定的资源，在 Socket 对象使用完毕时，要将其关闭。关闭 Socket 可以调用 Socket 的 Close()方法。在关闭 Socket 之前，应将与 Socket 相关的所有的输入/输出流全部关闭，以释放所有的资源。而且要注意关闭的顺序，与 Socket 相关的所有的输入/输出应该首先关闭，然后再关闭 Socket。

```
os.close();
is.close();
socket.close();
```

尽管 Java 有自动回收机制，网络资源最终是会被释放的，但是为了有效地利用资源，建议读者按照合理的顺序主动释放资源。

(7)参考源程序如下：

客户端程序：

```
import java.io.*;
import java.net.*;
public class TalkClient {
public static void main(String args[]) {
    try{
      Socket socket=new Socket("127.0.0.1",4700);
      //向本机的 4700 端口发出客户请求
      BufferedReader sin = new BufferedReader(new InputStreamReader(System.
      in));
      //由系统标准输入设备构造 BufferedReader 对象
      PrintWriter os=new PrintWriter(socket.getOutputStream());
      //由 Socket 对象得到输出流，并构造 PrintWriter 对象
      BufferedReader is=new BufferedReader(new InputStreamReader(socket.get-
      InputStream()));
```

```
            //由 Socket 对象得到输入流，并构造相应的 BufferedReader 对象
            String readline;
            readline=sin.readLine(); //从系统标准输入读入一字符串
            while(! readline.equals(" bye ")){
            //若从标准输入读入的字符串为"bye"则停止循环
            os.println(readline);
            //将从系统标准输入读入的字符串输出到 Server
            os.flush();
            //刷新输出流，使 Server 马上收到该字符串
            System.out.println(" Client:"+readline);
            //在系统标准输出上打印读入的字符串
            System.out.println(" Server:"+is.readLine());
            //从 Server 读入一字符串，并打印到标准输出上
            readline=sin.readLine(); //从系统标准输入读入一字符串
            } //继续循环
            os.close(); //关闭 Socket 输出流
            is.close(); //关闭 Socket 输入流
            socket.close(); //关闭 Socket
            }catch(Exception e) {
            System.out.println(" Error "+e); //出错，则打印出错信息
            }
        }
    }
```

服务器端程序：

```
import java.io.*;
    import java.net.*;
    import java.applet.Applet;
    public class TalkServer{
    public static void main(String args[])
  {
    try{
    ServerSocket server=null;
    try{
    server=new ServerSocket(4700);
    //创建一个 ServerSocket 在端口 4700 监听客户请求
```

```
}catch(Exception e) {
System.out.println("can not listen to:"+e);
//出错，打印出错信息
}
Socket socket=null;
try{
socket=server.accept();
//使用 accept( )阻塞等待客户请求,有客户请求到来则产生一个 Socket 对象,并继续执行
}catch(Exception e) {
System.out.println("Error."+e);
//出错，打印出错信息
}
String line;
BufferedReader is = new BufferedReader(new InputStreamReader(socket.getInputStream()));
//由 Socket 对象得到输入流，并构造相应的 BufferedReader 对象
PrintWriter os=newPrintWriter(socket.getOutputStream());
//由 Socket 对象得到输出流，并构造 PrintWriter 对象
BufferedReader sin=new BufferedReader(new InputStreamReader(System.in));
//由系统标准输入设备构造 BufferedReader 对象
System.out.println("Client:"+is.readLine());
//在标准输出上打印从客户端读入的字符串
line=sin.readLine();
//从标准输入读入一字符串
while(! line.equals("bye")){
//如果该字符串为“bye”，则停止循环
os.println(line);
//向客户端输出该字符串
os.flush();
//刷新输出流，使 Client 马上收到该字符串
System.out.println("Server:"+line);
//在系统标准输出上打印读入的字符串
System.out.println("Client:"+is.readLine());
//从 Client 读入一字符串，并打印到标准输出上
line=sin.readLine();
//从系统标准输入读入一字符串
```

```
            } //继续循环
            os.close(); //关闭 Socket 输出流
            is.close(); //关闭 Socket 输入流
            socket.close(); //关闭 Socket
            server.close(); //关闭 ServerSocket
        }catch(Exception e)
        {
            System.out.println("Error:"+e);
            //出错，打印出错信息
        }
    }
}
```

从上面的两个程序中可以看到 Socket 四个步骤的使用过程。读者可以分别将 Socket 使用的四个步骤的对应程序段选择出来，这样便于读者对 Socket 的使用有进一步的了解。读者可以在单机上试验该程序，最好是能在真正的网络环境下试验该程序，这样更容易分辨输出的内容和客户机、服务器的对应关系。同时也可以修改该程序，提供更为强大的功能。

上机思考题

在不同的计算机上调试该程序，即服务器端运行在一台 PC 上，客户端则运行在另一台 PC 上。

实验三　基于 TCP 的 C/S 网络编程(多客户)

一、实验目的

1. 进一步学习基于 TCP/IP 的 Socket 通信编程。
2. 掌握输入输出流的使用。
3. 学会使用多线程机制来建立服务器。

二、实验内容

编制一个聊天程序，该程序使用面向连接的 Socket 通信机制，整个程序分为服务器端和客户端程序两部分，多个客户能够同时与一个服务器够相互发送文字进行聊天。

实验步骤：

1. 编程准备

前面提供的Client/Server程序只能实现Server和一个客户的对话。在实际应用中，往往是在服务器上运行一个永久的程序，它可以接收来自其他多个客户端的请求，提供相应的服务。为了实现在服务器方给多个客户提供服务的功能，需要对上面的程序进行改造，利用多线程实现多客户机制。服务器总是在指定的端口上监听是否有客户请求，一旦监听到客户请求，服务器就会启动一个专门的服务线程来响应该客户的请求，而服务器本身在启动完线程之后马上又进入监听状态，等待下一个客户的到来。客户端的程序和上面程序是完全一样的，读者可以跳过不读，把主要精力集中在Server端的程序上。

2. 参考源程序

(1)客户端程序：MultiTalkClient.java。

```
import java.io.*;
import java.net.*;
public class MultiTalkClient {
public static void main(String args[]) {
try{
  Socket socket=new Socket("127.0.0.1",4700);
  //向本机的 4700 端口发出客户请求
  BufferedReader sin=new BufferedReader(new InputStreamReader(System.in));
  //由系统标准输入设备构造 BufferedReader 对象
  PrintWriter os=new PrintWriter(socket.getOutputStream());
  //由 Socket 对象得到输出流，并构造 PrintWriter 对象
  BufferedReader is=new BufferedReader(new InputStreamReader(socket.getIn-
putStream()));
  //由 Socket 对象得到输入流，并构造相应的 BufferedReader 对象
  String readline;
  readline=sin.readLine();  //从系统标准输入读入一字符串
  while(!readline.equals("bye")){
  //若从标准输入读入的字符串为"bye"则停止循环
  os.println(readline);
  //将从系统标准输入读入的字符串输出到 Server
  os.flush();
  //刷新输出流，使 Server 马上收到该字符串
  System.out.println("Client:"+readline);
  //在系统标准输出上打印读入的字符串
```

```
System.out.println("Server:"+is.readLine());
//从 Server 读入一字符串，并打印到标准输出上
readline=sin.readLine();
//从系统标准输入读入一字符串
} //继续循环
os.close(); //关闭 Socket 输出流
is.close(); //关闭 Socket 输入流
socket.close(); //关闭 Socket
}catch(Exception e) {
System.out.println("Error "+e); //出错，则打印出错信息}
}
}
```

(2)服务器端程序：MultiTalkServer.java。

```
import java.io.*;
import java.net.*;
import ServerThread;
public class MultiTalkServer{
static int clientnum=0; //静态成员变量，记录当前客户的个数
public static void main(String args[]) throws IOException {
  ServerSocket serverSocket=null;
  boolean listening=true;
try{
  serverSocket=new ServerSocket(4700);
  //创建一个 ServerSocket 在端口 4700 监听客户请求
  }catch(IOException e) {
  System.out.println("Could not listen on port:4700.");
  //出错，打印出错信息
  System.exit(-1); //退出
  }
  while(listening){ //永远循环监听
  new ServerThread(serverSocket.accept(),clientnum).start();
  //监听到客户请求，根据得到的 Socket 对象和客户计数创建服务线程，并启动它
  clientnum++; //增加客户计数
  }
  serverSocket.close(); //关闭 ServerSocket
  }
```

```
    }
```

(3)程序 ServerThread.java。

```
import java.io.*;
import java.net.*;
public class ServerThread extends Thread{
  Socket socket=null;  //保存与本线程相关的 Socket 对象
  int clientnum;  //保存本进程的客户计数
  public ServerThread(Socket socket,int num) {  //构造函数
  this.socket=socket;  //初始化 socket 变量
  clientnum=num+1;  //初始化 clientnum 变量
}
  public void run() {  //线程主体
  try
  {String line;
  BufferedReader is = new BufferedReader(new InputStreamReader(socket.getIn-
putStream()));
  //由 Socket 对象得到输入流，并构造相应的 BufferedReader 对象
  PrintWriter os=newPrintWriter(socket.getOutputStream());
  //由 Socket 对象得到输出流，并构造 PrintWriter 对象
  BufferedReader sin=new BufferedReader(new InputStreamReader(System.in));
  //由系统标准输入设备构造 BufferedReader 对象
  System.out.println("Client:"+ clientnum +is.readLine());
  //在标准输出上打印从客户端读入的字符串
  line=sin.readLine();
  //从标准输入读入一字符串
  while(! line.equals(" bye ")){
  //如果该字符串为"bye"，则停止循环
  os.println(line);
  //向客户端输出该字符串
  os.flush();
  //刷新输出流，使 Client 马上收到该字符串
  System.out.println("Server:"+line);
  //在系统标准输出上打印该字符串
  System.out.println("Client:"+ clientnum +is.readLine());
  //从 Client 读入一字符串，并打印到标准输出上
  line=sin.readLine();
```

```
            //从系统标准输入读入一字符串
            }  //继续循环
            os.close();  //关闭 Socket 输出流
            is.close();  //关闭 Socket 输入流
            socket.close();  //关闭 Socket
            server.close();  //关闭 ServerSocket
            }catch(Exception e){
            System.out.println("Error:"+e);
            //出错，打印出错信息 }
        }
        }
```

三、上机思考题

在程序运行过程中，突然将服务器停止运行，观察客户端会有怎样反应；如果有错误发生，请修改程序的这个缺陷。

实验四　基于 UDP 的 C/S 网络编程

一、实验目的

1. 学习基于 UDP 的 Socket 通信编程。
2. 掌握输入输出流的使用。

二、实验内容

编制一个聊天程序，该程序使用基于 UDP 的通信机制，整个程序分为服务器端和客户端程序两部分，客户与服务器能够相互发送文字进行简单的聊天。

实验步骤：

(1)编程准备。

在 TCP/IP 协议的传输层除了 TCP 协议之外还有一个 UDP 协议，相比而言 UDP 的应用不如 TCP 广泛，几个标准的应用层协议 HTTP、FTP、SMTP 使用的都是 TCP 协议。但是，随着计算机网络的发展，UDP 协议的使用越来越广泛，尤其是在需要很强的实时交互性的场合，如网络游戏，视频会议等。下面就介绍如何在 Java 环境下实现 UDP 网络传输。数据报(Datagram)就跟日常生活中的邮件系统一样，是不能保证可靠寄到的，而面向链接的 TCP 就好比电话，双方能肯定对方接收到了信息。在本章前面，已经对 UDP 和 TCP 进行了比较，在这里再稍作小结：TCP 可靠，传输大小无限制，但是需要连接建立时间，差错控制开销大；UDP 不可靠，差错控制开销较小，传输大小限制在 64KB 以下，不需要建立连接。总之，这两种协议各有特点，应用的场合也不同，是完全互补的两个协议，在 TCP/IP 协议中占有同样重要的地位，要学好网络编程，两者缺一不可。

包 java.net 中提供了两个类 DatagramSocket 和 DatagramPacket 用来支持数据报通信，DatagramSocket 用于在程序之间建立传送数据报的通信连接，DatagramPacket 则用来表示一个数据报。先来看一下 DatagramSocket 的构造方法：

```
DatagramSocket();
DatagramSocket(int prot);
DatagramSocket(int port, InetAddress laddr);
```

其中，port 指明 Socket 所使用的端口号，如果未指明端口号，则把 Socket 连接到本地主机上一个可用的端口。laddr 指明一个可用的本地地址。给出端口号时要保证不发生端口冲突，否则会生成 SocketException 类例外。注意：上述两个构造方法都声明抛弃非运行时例外 SocketException，程序中必须进行处理，或者捕获，或者声明抛弃。用数据报方式编写 Client/Server 程序时，无论客户方还是服务方，首先都要建立一个 DatagramSocket 对象，用来接收或发送数据报，然后用 DatagramPacket类对象作为传输数据的载体。下面看一下 DatagramPacket 的构造方法：

```
DatagramPacket(byte buf[],int length);
DatagramPacket(byte buf[], int length, InetAddress addr, int port);
DatagramPacket(byte[] buf, int offset, int length);
DatagramPacket(byte[] buf, int offset, int length, InetAddress address, int port);
```

其中，buf 中存放数据报数据，length 为数据报中数据的长度，addr 和 port 指明目的地址，offset 指明了数据报的位移量。

在接收数据前，应该采用上面的第一种方法生成一个 DatagramPacket 对象，给出接收数据的缓冲区及其长度。然后调用 DatagramSocket 的方法 receive()等待数据报的到来，receive()将一直等待，直到收到一个数据报为止。

```
DatagramPacket packet=new DatagramPacket(buf, 256);
Socket.receive (packet);
```

发送数据前，也要先生成一个新的 DatagramPacket 对象，这时要使用上面的第二种构造方法，在给出存放发送数据的缓冲区的同时，还要给出完整的目的地址，包括 IP 地址和端口号。发送数据是通过 DatagramSocket 的方法 send()实现的，send()根据数据报的目的地址来寻径，以传递数据报。

```
DatagramPacket packet=new DatagramPacket(buf, length, address, port);
Socket.send(packet);
```

在构造数据报时，要给出 InetAddress 类参数。类 InetAddress 在包 java.net 中定义，用来表示一个 Internet 地址，可以通过它提供的类方法 getByName()从一个表示主机名的字符串获取该主机的 IP 地址，然后再获取相应的地址信息。

(2)参考源程序。

客户端程序：QuoteClient.java

```
import java.io.*;
import java.net.*;
import java.util.*;
public class QuoteClient {
public static void main(String[] args) throws IOException
{
  if(args.length! =1){
  //如果启动的时候没有给出 Server 的名字，那么出错退出
  System.out.println(" Usage: java QuoteClient ");
  //打印出错信息
  return;  //返回
  }
  DatagramSocket socket=new DatagramSocklet();
  //创建数据报套接字
  Byte[] buf=new byte[256];  //创建缓冲区
  InetAddress address=InetAddress.getByName(args [0]);
  //由命令行给出的第一个参数默认为 Server 的名字，通过它得到 Server 的 IP
  信息
   DatagramPacket packet = new DatagramPacket (buf, buf.length, address,
   4445);
  //创建 DatagramPacket 对象
  socket.send(packet);  //发送
  packet=new DatagramPacket(buf,buf.length);
  //创建新的 DatagramPacket 对象，用来接收数据报
  socket.receive(packet);  //接收
  String received=new String(packet.getData());
```

```
//根据接收到的字节数组生成相应的字符串
System.out.println("Quote of the Moment:"+received);
//打印生成的字符串
  socket.close();  //关闭套接口
}
}
```

服务器方程序:

```
  // QuoteServer.java
public class QuoteServer{
public static void main(String args[]) throws java.io.IOException
{
  new QuoteServerThread().start();
  //启动一个 QuoteServerThread 线程
}
}
  // QuoteServerThread.java
import java.io.*;
import java.net.*;
import java.util.*;
//服务器线程
public class QuoteServerThread extends Thread
{
  protected DatagramSocket socket=null;
  //记录和本对象相关联的 DatagramSocket 对象
  protected BufferedReader in=null;
  //用来读文件的一个 Reader
  protected boolean moreQuotes=true;
  //标志变量,是否继续操作
  public QuoteServerThread() throws IOException {
  //无参数的构造函数
  this("QuoteServerThread");
  //以 QuoteServerThread 为默认值调用带参数的构造函数
  }
  public QuoteServerThread(String name) throws IOException {
  super(name);  //调用父类的构造函数
  socket=new DatagramSocket(4445);
```

```
    //在端口 4445 创建数据报套接字
    try{
      in= new BufferedReader(new FileReader(" one-liners.txt "));
      //打开一个文件，构造相应的 BufferReader 对象
      }catch(FileNotFoundException e){  //异常处理
      System.err.println(" Could not open quote file. Serving time instead. ");
      //打印出错信息
    }
    }
      public void run()  //线程主体
      {
    while(moreQuotes){
    try{
    byte[] buf=new byte[256];  //创建缓冲区
    DatagramPacket packet=new DatagramPacket(buf,buf.length);
    //由缓冲区构造 DatagramPacket 对象
    socket.receive(packet);  //接收数据报
    String dString=null;
    if(in= =null) dString=new Date().toString();
    //如果初始化的时候打开文件失败了，
    //则使用日期作为要传送的字符串
    else dString=getNextQuote();
    //否则调用成员函数从文件中读出字符串
    buf=dString.getByte();
    //把 String 转换成字节数组,以便传送
    InetAddress address=packet.getAddress();
    //从 Client 端传来的 Packet 中得到 Client 地址
    int port=packet.getPort();  //端口号
    packet=new DatagramPacket(buf,buf.length,address,port);
    //根据客户端信息构建 DatagramPacket
    socket.send(packet);  //发送数据报
    }catch(IOException e){  //异常处理
    e.printStackTrace();  //打印错误栈
    moreQuotes=false;  //标志变量置 false，以结束循环
  }
}
socket.close();  //关闭数据报套接字
```

```
    }
    protected String getNextQuotes(){
    //成员函数，从文件中读数据
    String returnValue=null;
    try {
    if((returnValue=in.readLine())= =null) {
    //从文件中读一行，如果读到了文件尾
    in.close( );  //关闭输入流
    moreQuotes=false;
    //标志变量置 false，以结束循环
    returnValue=" No more quotes. Goodbye. ";
    //置返回值
    } //否则返回字符串即为从文件读出的字符串
    }catch(IOEception e) {  //异常处理
    returnValue=" IOException occurred in server ";
    //置异常返回值
    }
    return returnValue;  //返回字符串
    }
}
```

(3)源程序分析、说明。

可以看出使用 UDP 和使用 TCP 在程序上还是有很大的区别的。一个比较明显的区别是，UDP 的 Socket 编程是不提供监听功能的；也就是说，通信双方更为平等，面对的接口是完全一样的。但是为了用 UDP 实现 C/S 结构，在使用 UDP 时可以使用 DatagramSocket. receive()来实现类似于监听的功能。因为 receive()是阻塞的函数，当它返回时，缓冲区里已经填满了接收到的一个数据报，并且可以从该数据报得到发送方的各种信息，这一点跟 accept()是很相像的，因而可以根据读入的数据报来决定下一步的动作，这就达到了跟网络监听相似的效果。

第十一章 数据库程序设计

预备知识

1. JDBC 基本概念

目前，数据库应用程序开发是任何一种程序设计语言的重点部分。比如，利用常见的 VisualBasic 语言设计前台界面，利用 Microsoft Access 作为数据库后台支持系统，就可以开发出一些比较好的数据库应用程序。在 Java 语言中，可采用 JDBC(Java Database Connectivity，Java 数据库连接)通用标准来开发数据库应用程序。Java 语言通过这种通用标准支持 Access、SQLServer、Oracle 等关系型数据库的连接，并通过 Java 程序与数据库系统进行通信。因此，JDBC 是一种开放的数据库应用程序设计接口，是 Java 应用程序与数据库进行信息交流的桥梁，具有简单易用的优点。

2. JDBC 访问数据库的一般步骤

一般来说，Java 应用程序访问数据库的过程可以分为装载数据库驱动程序、建立数据库连接、执行 SQL 语句访问数据库、保存结果和关闭数据库连接等步骤，其体系结构及流程如图 11-1 所示。

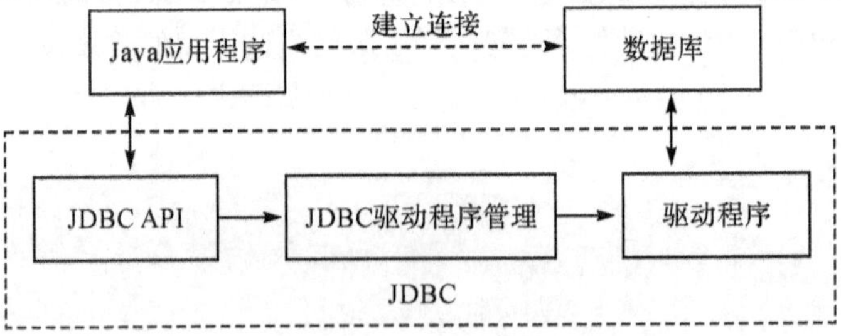

图 11-1 JDBC 体系结构及流程

(1)装载(注册)驱动程序。

访问数据库之前,首先要加载数据库驱动程序。目前,生产数据库产品的商家基本上都会提供JDBC驱动程序,以支持各种数据库的连接与操作。JDBC提供了JDBC-ODBC桥接驱动程序、本地API部分用Java来编写的驱动程序、JDBC网络纯Java驱动程序和本地协议纯Java驱动程序四大类驱动程序。

①JDBC-ODBC桥接驱动程序。英文全称为JDBC-ODBC bridge plus ODBC driver。它是由Sun公司免费提供的,是JDK的一个内置程序。桥接驱动程序与通用的ODBC(Open database Con-nectivity,开发数据库连接)数据源标准兼容,可以支持诸如Microsoft Access、Microsoft SQLServer、VisualForPro和Oracle等关系型数据库等。

②本地API部分用Java来编写的驱动程序。英文全称为Native-APIpartly-Java driver,又叫做原生API结合的Java驱动程序。这类驱动程序部分是由Java代码结合本地原生API来实现的,它将JDBC的方法调用转换成某个数据库系统的原生码(数据库客户机方法库的API)后与数据库相连。

③JDBC网络纯Java驱动程序。英文全称为JDBC-NetpureJava driver,又叫做网络协议搭配完整的Java驱动程序。JDBC网络纯Java驱动程序先将JDBC的方法调用转换成与某数据库系统无关的网络协议,再将这些网络协议转换为数据库系统支持的独立的网络通信协议原生码。

④本地协议纯Java驱动程序。英文全称为Native-protocolpureJava driver,又叫做原生协议搭配完整的Java驱动程序。本地协议纯Java驱动程序的代码全部由Java编写,直接将JDBC的方法调用转换为某数据库系统支持的原生网络协议,直接与数据库系统进行通信,它是一种专用的驱动程序,大多数都是由商家直接提供的。

对于一些大型的程序而言,以上四种驱动程序中,第三和第四类驱动程序用得比较多,因为它们都是利用原生码作为独立的网络通信协议,非常接近JDBC的底层架构;而第一和第二类的驱动程序的特点就是简单易用,在一些小型程序中用得较多,特别是对初学者来说,是很容易接受和快速入门的。

(2)建立数据库连接。

顺利加载JDBC驱动程序后,就可以建立一个与数据库相对应的连接。

(3)建立与执行SQL语句。

对已经连接的数据库进行查询、更改或添加数据操作,可通过SQL语句来执行。

(4)处理结果集。

SQL语句执行的结果并不是直接存入物理数据库的,而是暂时存放在一个临时的结果集对象中。

(5)关闭连接。

完成数据库操作后,应关闭与数据库连接,以便释放资源。关闭方法是 close()。

以上步骤中的每一个步骤都提供了相应的操作,为下一步骤提供相关服务。

3. JDBC 提供的主要类和接口

为了实现上述 Java 程序访问数据库的一般原理,Java 的系统程序包 java. sql 提供了 DriverManager、Connection、Statement(包括子类 PreparedStatement 与 CallableStatement)、ResultSet、ResultSetMetaData 和 DatabaseMetaData 等主要类和接口,每一个类或接口都能提供相应的方法,为下一步骤提供相关服务。

Java 程序访问与操作数据库的过程中,可能会因无法注册 JDBC 驱动程序而产生 Class-NotFoundException 类的异常和 SQL 语句执行错误而产生 SQLException 类的异常,因此程序需要用 try... catch 语句来捕获与处理异常。

(1)DriverManager 类。

java. sql. DriverManager 类用来管理与控制数据库驱动程序的载入,是 Java 程序与数据库系统之间的接口,对数据库系统的任何访问与操作都是要经过这个类来处理的,否则无法完成对数据库的操作。

程序装入 DriverManager 类后,就可看见. hotjava 目录下多了一个 jdbc. drivers 属性,再通过调用 Driver 类的某些方法找到并装入适合的驱动程序。

jdbc. drivers 属性的定义格式如下:

```
Jdbc.drivers.=foo.bah.Driver:Vatican.pope.sql.Driver DriverManager;
```

①装载(注册)JDBC 驱动程序。

向 Java 程序加载 JDBC 驱动程序的过程通常可以通过调用 Class. forName() 或调用 DriverManager. registerDriver()这两种方法来实现。

a. 调用 Class. forName()方法加载 JDBC 驱动程序。语法格式如下:

Class. forName(驱动程序名);

例如加载 JDBC-ODBC 桥接驱动程序,使用以下语句:

```
Class.forName("sun.jdbc.odbc.JdbcOdbcDriver ");
```

当驱动程序加载成功后,可以通过 ODBC 数据源连接 Access 或 SQL Server 数据库系统。

再如加载 OracleJDBC 驱动程序,使用以下语句:

```
Class.forName("oracle.jdbc.driver.OracleDriver ");
```

b. 调用 DriverManager. registerDriver()方法。例如:

```
DriverManager.registerDriver( new oracle.jdbc.driver.OracleDriver());
```

②DriverManager 类的主要方法。

DriverManager 类提供的所有方法都被修饰为 static，即调用这些方法时不必通过 DriverManager 类的实例化对象来调用，直接通过类名调用即可。

DriverManager 提供的 getConnection()方法用来返回一个与指定的数据库文件的连接。

(2)Connection 接口。

java. sql. Connection 类用来为数据源和数据库建立一个连接。

①建立数据库连接。

JDBC 驱动程序顺利加载后，就可以建立一个与数据库相对应的连接，这需要使用 DriverManager 类提供的 getConnection()方法来实现，语句格式如下：

```
Connection 变量＝DriverManager.getConnection(" jdbc：p：N ",账号,密码);
```

意思是调用 DriverManager 类的 getConnection()方法创建并返回一个连接到指定数据源 N 的 Connection 对象。其中 jdbc 表示通信主协议，p 表示通信子协议。

例如，通过 JDBC-ODBC 桥接驱动程序和 ODBC 数据源 m，建立一个连接到 Access 数据库的连接对象，可以使用如下语句：

```
Connection on＝DriverManager.getConnection(" jdbc：odbc：m "," s "," 12 ");
```

其中，jdbc：odbc：m 的意思是通过 JDBC-ODBC 驱动程序为数据源 m 建立一个连接对象 on；“s”和“12”分别表示数据库的用户名、用户密码，可缺省。

若通过 JDBC-ODBC 桥接驱动程序和 ODBC 数据源 M，建立一个连接到 SQL Server 数据库的连接对象，可以使用如下语句：

```
Connection on＝DriverManager.getConnection(" jdbc：odbc：M "," s "," 12 ");
```

如果连接成功，返回一个 Connection 对象，on 就是连接变量，就是该对象的引用句柄，即在 Java 程序中以一个连接变量来表示一个原先独立于该 Java 程序的物理数据库映射，以后对与 m 或 M 所对应的物理数据库的任何操作都可以通过 on 来进行。

当然，以上建立数据库连接的语句与下面的语句是等效的：

```
String u＝" jdbc：odbc：M ";
Stringl＝" s ";
String p = null;
Connection on＝DriverManager.getConnection(u,l,p);
```

②Connection 接口的其他方法。

当一个 Java 应用程序与一个数据源连接成功时，可以通过 Connection 对象的多种方法与数据源进行交互。建立数据库连接的目的是操作、使用数据库，因此，在 Java 应用程序中还需要创建相关的对象来操作数据库。Connection 类提供了 createStatement()方法来创建执行这些操作的对象。

createStatement()方法是 Connection 类中最常用、重要的方法，也是为数据库开发流程的下一个步骤服务的，作用是在数据库建立连接之后被用来返回一个操作数据库的 Statement 对象，以便专门用来执行 SQL 语句。而 prepareCall()方法用来调用一个已存储的过程。

(3)Statement 接口。

java.sql.Statement 类用来管理与执行 SQL 语句。SQL 语句包括数据库查询、更新、创建等语句，执行这些操作时，需要建立一个 Statement 对象变量，以便执行 SQL 语句。Statement 是一个接口，它本身是不能够直接创建一个对象的，对象的建立是通过 Connection 类的 createStatement()方法来完成的。

①Statement 的子接口。

实际上，在 JDBC 中，主要有 Statement、PreparedStatement 和 CallableStatement 等几种用来操作 SQL 语句的接口，由 Statement 接口可以派生一个 PreparedStatement 子接口，而该子接口又派生了 CallableStatement 子接口。它们都可以在一个指定的数据库连接的基础上执行 SQL 语句。

Statement 接口用来管理与执行一个不带任何参数的基本 SQL 语句。

PreparedStatement 接口既可用来管理与执行一个不带参数 IN 的预编译性的 SQL 语句，也可用来管理与执行一个带有参数的预编译性的 SQL 语句，比 Statement 接口效率更高，SQL 语句可以被重复执行。

CallableStatement 接口用来管理与执行数据库中已存储的一些过程的调用。

已存储过程的调用语句为：

```
CallableStatement 变量=co.prepareCall(call 存储过程的名称);
```

②建立 Statement 对象。

建立新数据库连接以后，必须先建立一个 Statement 对象才能执行 SQL 语句。Statement 类对象由 Connection 对象中的 createStatement()方法创建，其格式如下：

```
StatementSQL 变量=连接变量.createStatement();
```

例如，在前面的步骤中已经建立了一个连接变量 on，则可以用下面的语句建立 SQL 语句变量 s：

```
Statements=on.createStatement();
```

③执行 SQL 语句。

建立 Statement 对象后要利用它来执行 SQL 语句。为了执行 SQL 语句，Statement 接口提供如下比较常用的方法。

a. executeQuery()方法。executeQuery()方法用来进行原始的 SQL 语句查询，它的实际参数通常是一个 SQL 语句形式的字符串，方法调用后通过驱动程序将这个实际参数传送给数据源，并自动生成一个保存执行结果的 ResultSet 对象(结果集)，并且把这个对象返回到应用程序中。因此，若这个实际参数是执行查询数据的通用语句 select，一般可以通过方法 executeQuery()来执行。

b. execute()方法。execute()方法也用来进行原始的 SQL 语句查询，它的实际参数通常也是一个 SQL 语句形式的字符串，但与 executeQuery()方法执行 select 查询语句不同的是，调用该方法可以返回多个 ResultSet 对象。

c. executeUpdate()方法。访问数据库时，有时会遇见程序只是对数据库进行一些操作，但并不需要返回任何 ResultSet 对象的情况。这时可以利用 executeUpdate()方法来执行一些 SQL 语句，如执行 insert、delete、update、create 及 DDL 语句等，执行过程中并不产生任何的 ResultSet 对象。执行操作不成功时 executeUpdate()方法将会返回一个整数 0，操作成功则会返回非 0 整数，表示 SQL 语句所影响到的数据行数。因此，当实际参数是执行插入记录、更改记录、删除记录的 SQL 语句时，应该调用 executeUpdate()方法 。

例如，从学生表中查找所有学生的信息，并返回到程序中，可使用如下语句：

```
Statement s1=co.createStatement();
String s2="select  from 学生表";
ResultSet rs=s1.executeQuery(s2);
```

当然，也可以使用 PreparedStatement 对象来实现：

```
Statements1=co.createStatement();
PreparedStatementp=co.prepareStatement("select  from 学生表");
ResultSet rs=p.executeQuery();
```

(4)ResultSet 接口。

ResultSet 接口用来创建保存查询所得结果的对象，负责保存调用 execute()方法或 executeQuery()方法时产生的数据库查询结果，ResultSet 对象实际上是一个处理结果的集合(结果集)。因此，一个 ResultSet 对象实际上是一个由行和列组成的二维的数据结构，“列”表示表字段，“行”表示表记录 。为了使 ResultSet 对象处理查询结果更有效，ResultSet 接口派生了几个子接口，利用它们提供的方法，可以实现更高层次的结果处理。

①ResultSet 的子接口。

a. ResultSetMetaData 接口。

ResultSetMetaData 接口的对象用来保存所有的 ResultSet 类对象中关于字段的原始信息，这些原始信息由 ResultSetMetaData 接口提供的一些相关方法来获得。

b. DatabaseMetaData 接口。

DatabaseMetaData 接口的对象用来保存数据库的所有属性信息，这些属性信息由 DatabaseMetaData 接口提供的一些相关方法来获得。

②建立 ResultSet 对象。

建立 ResultSet 对象很简单，格式为：

```
ResultSet 对象名;
```

结果集对象的内容在执行 Statement 的 executeQuery()、execute()方法时获得。

例如：

```
ResultSet rs=stmt.executeQuery("select   from 学生表");
```

意思是通过 executeQuery 方法执行 select 语句，查询名为"学生表"的一个数据表中的所有记录，把查询结果保存在 rs 中 。

③处理结果集。

ResultSet 类提供了一系列方法对结果集中的数据进行查询、插入、删除和修改等操作，并通过一个指向数据表中的某个记录的指针(Cursor)任意操作数据库。用来处理结果集的主要方法如下。

a. next()方法。

在 JDBC 标准下，结果集指针的初始化状态都指向当前行记录头部，并没有指向当前记录本身。在 executeQuery()方法调用完毕后，指针指向结果集中第一条记录的头部，并没有指向当前记录本身，用户可以反复调用 ResultSet. next()方法，先使指针定位到首条记录本身，使之成为当前记录，然后依次指向下一数据行，依次实现对记录的操作与处理。当然，用户每次都只能处理一个记录行。

next()方法的返回值类型是 boolean 型的，若当指针有具体指向时(指向一条记录本身，而不是头部或尾部)，返回值为 true；如果指向整个结果集的末尾(即没有下一行)，则返回 false。

例如，要逐条处理查询结果，则可以使用下列的循环语句：

```
for(;rs.next();){操作与处理记录的代码}
```

b. 取字段值方法。

一个 ResultSet 对象实际上是一个由行和列组成的二维的数据结构，"列"表示字段，"行"表示记录。在结果集对象中，用户可以通过 next()方法来处理行记录，但如果要想取得各列的值，用户可以通过调用"get×××(参数)"形式的方法来实现。

get×××(参数)方法中的"×××"表示字段所对应的取值类型或对象包装类，如 String、Boolean、Byte 等，因此得到了 getInt(参数)、getString(参数)、getByte(参数)、getFloat(参数)、getBoolean(参数)等方法，分别用来返回一个整数、字符串、字节、浮点数等，这实际上就是获取当前行(记录)的各个列的值。参数可以以列的名称来体现，也可以以列的序号(位置索引)来体现。

例如，要取出第 3 列"性别"列的数据，下列语句都是合法的：

```
rs.getString("性别");
rs.getString(3);
```

需要注意的是，如果不能确定某列的数据类型，则统一通过 getObject(参数)方法先将它的值取出，然后转换类型。

c. getMetaData()方法。

ResultSet.getMetaData()方法用来返回 ResultSet 对象的原数据信息，即调用 ResultSet.getMetaData()方法获得一个包含 ResultSet 对象中的各列名称、类型等属性的 ResultSetMetaData 对象。

d. getColumnCount()方法和 getColumnName()方法。

getColumnCount()方法和 getColumnName()方法都是 ResultSetMetaData 提供的方法，分别用来返回 ResultSet 对象的列数和某列的名称。

最后，根据 Java 程序访问数据库的一般过程，完成数据库操作后，应关闭数据库的相关操作，包括关闭连接、SQL 语句变量和结果集，以便释放系统资源。

关闭格式是：

```
变量.close();
```

实验一　连接数据库

一、实验目的

1. 了解使用 JDBC 实现数据库的连接方式。

2. 用 JDBC-ODBC 桥接方式连接数据库。

3. 利用 JDBC 实现数据库基本内容的访问。

二、实验内容

在这个实验中，用户将通过两个练习了解如何利用 JDBC 连接和访问 Access 中的指定数据库。在使用连接数据库之前，需要安装数据库驱动程序和需要使用的数据库软件。

在本实验中使用的数据库软件为 Microsoft Office Access 2003，用户可以根据自己的选择选定数据库软件。

练习一：建立 ODBC 数据库源

本练习是了解建立 ODBC 数据源。利用 Windows XP 中的 ODBC 数据管理器，注册一个数据库为 ODBC 数据源，本练习是将 currency. mdb 注册为一个数据源。

操作步骤：

（1）从“开始”进入“设置”到“控制面板”，选择“管理工具”。双击打开“数据源”，进入“ODBC 数据源管理器”，如图 11-2 所示。

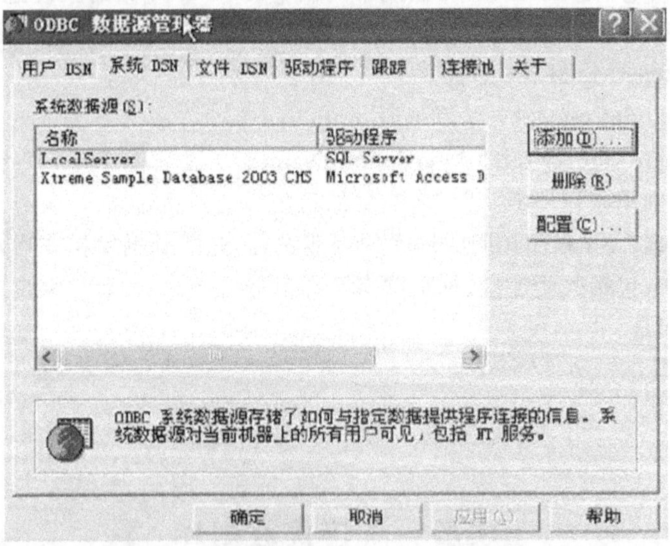

图 11-2　ODBC 数据源管理器初始界面

（2）在“ODBC 数据源管理器”中选择“系统 DSN”项，然后再单击“添加”按钮，进入“创建数据源”界面，如图 11-3 所示。在列表中根据使用数据库的类型选择，如使用 Microsoft Office Access 就选择 Microsoft Access Driver，单击“完成”按钮。

图 11-3 创建新数据源

(3)进入数据库"安装"界面,如图 11-4 所示。将"数据源名"写入,如 currency,然后选择数据库,在界面中单击"选择"按钮,进入"数据库"选择界面。

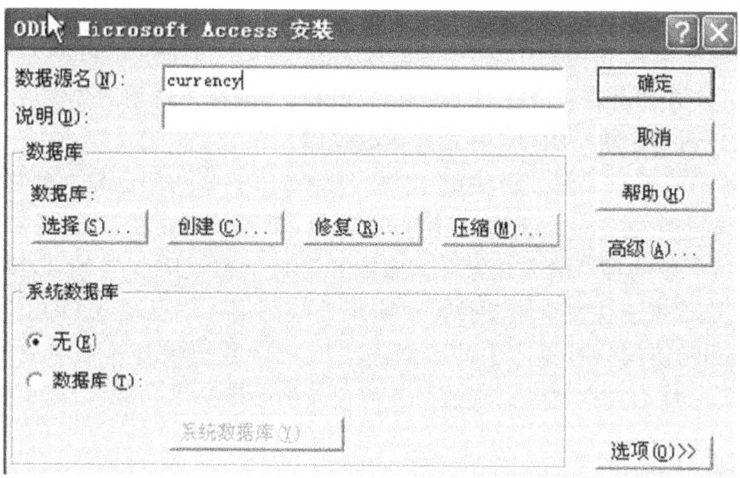

图 11-4 数据库安装界面

(4)在“选择数据库”界面中，选择如图 11-5 所示的数据库 currency. mdb，然后单击“确认”按钮。

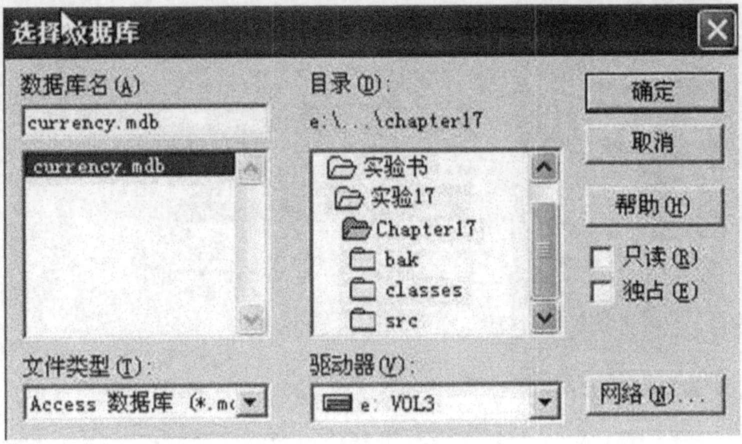

图 11-5　选择数据库

(5)再次确认后，观察“ODBC 数据源管理器”，系统数据 currency 已经建立成功，如图 11-5 所示，单击“确定”按钮便可以通过 JDBC-ODBC 的方式来访问数据库 currency. mdb 中的数据表了。

在本练习中，也可以通过利用特定的 JDBC 驱动程序来访问特定的数据库，JDBC驱动程序可以在网站 http://industry. java. sun. com/products/jdbc/drivers 中下载。可以通过安装和设置 JDBC 驱动程序来访问用户使用的数据库。

练习二：利用 JDBC-ODBC 方式连接数据库

本练习是使用户了解如何使用 JDBC-ODBC 方式来访问已建立数据源的数据库。在 Eclipse 中创建一个新的工程 JDBCTest，新建一个文件 JDBCTest1. java，将程序清单 11-1 中的程序输入并保存。阅读并运行下列程序清单 11-1，将程序中的代码 1—代码 5 补充完整。该文件可以实现连接练习一中已建立 ODBC 数据源的 currency. mdb，访问该数据库中的数据表 rate，rate 数据表有 3 个字段(scountry、dcountry、rate 均为文本类型)，将数据表的记录按顺序输出。

程序清单 11-1

```
//JDBCTest1.java
import javax.swing.*;
import java.sql.*;
```

```
public class JDBCTest1 extends JFrame{
String driver= " sun.jdbc.odbc.JdbcOdbcDriver "; //驱动程序
Connection conn;
Statement stmt;
ResultSet rs;
String resultString= "";    //执行查询结果
public JDBCTest1( ) {
SQLManagement( );    //执行数据处理
}
public void SQLManagement( ){
try{
  Class.forName(driver);
  System.out.println("步骤 1:加载驱动程序");
   conn= DriverManger.getConnection(“" jdbc : odbc: currency ");   //利用
JDBC-ODBC 访问数据源 currency
  System.out.println("步骤 2: "+"连接数据源");
  stmt= conn.createStatement();   //创建语句对象
  System.out.println("步骤 3:创建语句对象 stmt ");
  rs= stmt.executeQuery(" Select * From rate ");   //执行 SQL 的查询语句
Select * From rate
  System.out.println("步骤 4:执行查询数据库中的数据表 rate ");
  while(rs.next( )){  //顺序访问数据表
    resultString+ =rs.getString(" scountry ")+" ";
    resultString+ =rs.getString(" dcountry ")+" ";
    resultString+ =rs.getString(" rate ")+" \n ";
  }
  System.out.println(resultString);
  System.out.println("步骤 5:访问数据表 rate 的所有记录");
  stmt.close();  //关闭语句对象 stmt
  System.out.println("步骤 6:关闭语句对象");
  conn.close() ;  //关闭数据源
  System.out.println("步骤 7:关闭数据源");
  }catch(ClassNotFoundException e1){
  System.err.println(e1.getMessage( ));   //获得出错的原因
}
catch(SQLException e2){
If(e2! =null){
```

```
            System.err.println(e2.getSQLState());
            System.err.println(e2.getMessage());
            }
         }
      }
      public static void main(String[ ] args) {
      JDBCTest1 jdbctest1 = new JDBCTest1();
      System.exit(0);
      }
   }
```

三、上机思考题

1. 在程序 JDBCTest1.java 中，语句 rs.next()的作用是什么？如果将程序中的 rs.next()语句删除，调试该程序，会出现什么问题？

2. 观察程序中的 rs.getString("scountry")等语句，同样通过结果集 rs 对象，是否存在其他形式可以依次访问数据表的内容。

3. 将下列代码插入程序 JDBCTest1.java 中 SQLManagement()方法的循环语句 while(rs.next())之前，观察程序运行的结果。ResultSetMetaData 类的作用是什么？

```
ResultSetMetaData metaData=rs.getMetaData();
int numberofColumns=metaData.getColumnCount();
for(int i=1;i<=numberofColumns;i++){
  resultString+=metaData.getColumnName(i)+"\t";
  }
  resultString+="\n";
```

实验二　数据库查询操作

一、实验目的

1. 利用 JDBC 执行基本查询数据库操作。

2. 了解 Statement 接口的作用和常用的方法。

二、实验内容

编写 Java 程序，查询包含学生信息的数据表，并将查询结果打印显示。

实验步骤：

(1) 创建一个数据库，其中包含了一张学生信息表。

(2) 编写 MyDB.java 文件，源程序如下：

```
import java.sql.*;
public class MyDB
{
  public static void main(String args[])
  {
    Connection con;
    Statement sql;
    ResultSet rs;
    try {
    Class.forName("sun.jdbc.odbc.JdbcOdbcDriver");
    }
    catch(ClassNotFoundException e)
    {   System.out.println(""+e);
    }
    try {
    con=DriverManager.getConnection("jdbc:odbc:stu","user","12345");
    sql=con.createStatement();
    rs=sql.executeQuery("SELECT * FROM student");
    while(rs.next())
    { String number=rs.getString(1);
    String name=rs.getString(2);
    String date=rs.getString(3);
    int math=rs.getInt("math");
    int english=rs.getInt("english");
    System.out.print("学号:"+number);
    System.out.print("姓名:"+name);
    System.out.print("出生日期:"+date);
    System.out.print("数学:"+math);
    System.out.println("英语:"+english);
    }
```

```
        con.close();
        }
        catch(SQLException e)
        {   System.out.println(e);
        }
    }
}
```

(3) 编译 MyDB.java 文件,执行生成的类文件。

三、上机思考题

编写一个图书馆书籍管理数据库程序,实现按书名或者编号查询书籍的相关信息。

实验三 数据库修改操作

一、实验目的

1.利用 JDBC 执行基本数据库修改操作。

2.了解 Statement 接口的作用和常用的方法。

二、实验内容

编写Java程序,修改SQL Server本身自带的示例数据库pubs中数据表Titles中的记录,将 title_id 为"BU1032"记录的 title 修改为"水浒传",将 title_id 为"BU1111"记录的 title 修改为"西游记",将 title_id 为"BU2075"记录的 title 修改为"三国演义",将 title_id 为"BU7832"记录的 title 修改为"红楼梦"。

实验步骤:

(1) 编写 PreparedStatementDemo.java 文件,源程序如下:

```
import java.sql.*;
public class PreparedStatementDemo{
public static void main(String[] args)throws Exception{
//pubs 指在 ODBC 上声明的数据库名字
String url=" jdbc:odbc:pubs ";
String title_id,title;
```

```
Connection con;  // 建立连接
PreparedStatement pStmt;
// 告诉程序使用 JDBC 与 ODBC 桥创建数据库连接
Class.forName("sun.jdbc.odbc.JdbcOdbcDriver");
// 第一个参数定义用户名,第二个参数定义密码
con=DriverManager.getConnection(url, "sa","");
//创建带两个参数的 SQL 语句执行类
pStmt=con.prepareStatement("update Titles set title=? where title_id=? ");
String[] strs1={"水浒传","西游记","三国演义","红楼梦"};
String[] strs2={"BU1032","BU1111","BU2075","BU7832"};
//更新数据表
  for(int i=0;i<4,i++){
    pStmt.setString(1,strs1[i]);  //设置第一个参数
    pStmt.setString(2, strs2[i]) ;  //设置第二个参数
    // 使用 executeUpdate()方法执行带参数的 SQL 命令
  pStmt.executeUpdate();
}
pStmt.close();  //关闭 SQL 语句执行类
con.close();  //关闭数据库连接类
}
}
```

(2) 编译 PreparedStatementDemo.java 文件,执行生成的类文件。

三、上机思考题

编写一个图书馆书籍管理数据库程序,实现按书名或者编号修改书籍的相关信息。

实验四　执行存储过程操作

一、实验目的

1. 利用 JDBC 执行数据库的存储过程。
2. 了解 Statement 接口的作用和常用的方法。

二、实验内容

以 SQL Server 的 pubs 数据库为例，说明运用 JDBC 调用数据库的存储过程。

实验步骤：

(1)编写 StoredProcedureDemo.java 文件，源程序如下：

```
import java.sql.*;
public class StoredProcedureDemo{
static String sqlstr,title_id,title;
static Connection con;
static Statement stmt;
static ResultSet rs=null;
public static void main(String[]args)throws Exceptio
// pubs 指在 ODBC 上声明的数据库名字
String url="jdbc:odbc:pubs";
String strProc;
// 告诉程序使用 JDBC 与 ODBC 桥创建数据库
Class.forName("sun.jdbc.odbc.JdbcOdbcDriver")
// 第一个参数定义用户名，第二个参数定义密码
con=DriverManager.getConnection(url,"sa","");
// 创建 SQL 语句执行类
stmt=con.createStatement();
try{
  // 创建 Srored procedure 的字符串
  strProc="create procedure showtitles as select * from titles";
  // 向数据库写入 stored procedure 的 SQL 语句
  stmt.executeUpdate(strProc);
  }catch(Exception e){}
  //通过 connection 类的 prepareCall 方法应用 stored procedure
  CallableStatement cs=con.prepareCall("{call showtitles}");
  //执行 stored procedure 的 SQL 语句
  rs=cs.executeQuery();
  showrecord();  // 显示数据集的记录
  rs.close();  //关闭数据集
  stmt.close();  //关闭 SQL 语句执行类
  con.close();  //关闭数据库连接类
  }
```

```
    // 显示数据集记录的方法
    static void showrecord( )throws Exception{
    while(rs.next()){
      title_id=rs.getString(1);
      title=rs.getString(2);
      System.out.print("书籍的代号 ="+title_id);
      System.out.println(",书籍的名称 ="+title);
      }
    }
  }
```

(2) 编译 StoredProcedureDemo.java 文件,执行生成的类文件。

三、上机思考题

试比较接口 java.sql.Statement 的成员方法 executeUpdate、executeQuery、execute以及 executeBatch。

第十二章　综合程序设计

实验一　简单计算器

一、实验目的

1. 综合运用图形用户界面设计的概念。
2. 熟悉使用中间面板，组成层次式的复杂 GUI 界面。
3. 熟悉使用事件驱动编程。
4. 熟悉使用内部类。

二、实验内容

制作一个简单的计算器，如图 12-1 所示。使用计算器可以完成任意的标准运算。计算器可用于基本的算术运算，比如加减乘除等操作。

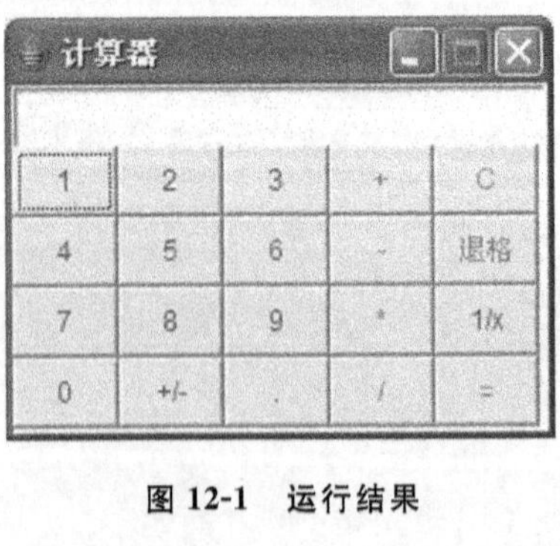

图 12-1　运行结果

实验步骤：

(1)总体设计。

这是一款简单的计算器，能够实现加减乘除运算等操作，它虽然简单却包含了所有的编程技巧，在界面设计上使用框架来完成主窗口，在 Frame 中放置容器面板和文本框组件，在面板中放置所有的数字按钮和操作按钮。由于在整个应用中出现的按钮比较多，根据按钮所具有的行为和特性，可以把按钮分为两类，即数字按钮和操作按钮。因此，在程序的设计中，为了使用方便先创建两个按钮类 OperationButton 和 NumberButton。为了使计算器的操作更加清晰使用链表来存放从按钮上获得的信息，根据具体的数学运算，取得链表中的元素进行运算。

(2)代码实现。

①在 Eclipse 中创建一个新的工程 Computer。

②在工程 Computer 中创建数字按钮类，该按钮具有表示数值的 number 属性和能够获得按钮数值的方法 getNumber()，参考代码如下：

```
import java.awt.*;
import java.awt.event.*;
import javax.swing.*;

public class NumberButton extends Button{
  int number;
  public NumberButton(int number)    {
    super(""+number);
    this.number=number;
    setForeground(Color.blue);
  }
  public int getNumber(){
    return number;
  }
}
```

③实现操作按钮 OperationButton，操作数按钮大致的参考代码如下：

```
import java.awt.*;
import java.awt.event.*;
import javax.swing.*;

public class OperationButton extends Button{
  String 运算符号;
```

```
    public OperationButton(String s){
      super(s);
      运算符号=s;
      setForeground(Color.red);
    }
    public String get运算符号(){
      return 运算符号;
    }
  }
```

④主类 Cacultor。Cacultor 作为 Frame 的子类,用于放置所需的组件和容器,用到的容器只有一个面板 Panel,组件除了文本框外还有表示操作符和数字的按钮,共 20 个。文本框放置在外层容器 Frame 中的 North 方位,面板 Panel 放置在 Frame 的 Center 方位,面板采用 4 行 5 列的网格布局方式,每个网格内放置一个按钮。

```
import java.awt.*;
import java.awt.event.*;
import javax.swing.*;
import java.util.*;
import javax.swing.border.*;
public class Cacultor extends Frame implements ActionListener{
  NumberButton numberButton[];
  OperationButton oprationButton[];
  Button 小数点按钮,正负号按钮,退格按钮,求倒数按钮,等号按钮,清零按钮;
  Panel panel;
  JTextField resultShow;
  String 运算符号[]={"+","-","*","/"};
  LinkedList 链表;
  boolean 是否按下等号=false;
  public Cacultor(){
    super("计算器");
    链表=new LinkedList();
    numberButton=new NumberButton[10];
    for(int i=0;i<=9;i++){
        numberButton[i]=new NumberButton(i);
        numberButton[i].addActionListener(this);
    }
```

```
    oprationButton=new OperationButton[4];
    for(int i=0;i<4;i++){
        oprationButton[i]=new OperationButton(运算符号[i]);
        oprationButton[i].addActionListener(this);
    }
小数点按钮=new Button(".");
正负号按钮=new Button("+/-");
等号按钮=new Button("=");
求倒数按钮=new Button("1/x");
退格按钮=new Button("退格");
清零按钮=new Button("C");
清零按钮.setForeground(Color.red);
退格按钮.setForeground(Color.red);
等号按钮.setForeground(Color.red);
求倒数按钮.setForeground(Color.blue);
正负号按钮.setForeground(Color.blue);
小数点按钮.setForeground(Color.blue);
退格按钮.addActionListener(this);
清零按钮.addActionListener(this);
等号按钮.addActionListener(this);
小数点按钮.addActionListener(this);
正负号按钮.addActionListener(this);
求倒数按钮.addActionListener(this);
resultShow=new JTextField(10);
resultShow.setHorizontalAlignment(JTextField.RIGHT);
resultShow.setForeground(Color.blue);
resultShow.setFont(new Font("TimesRoman",Font.PLAIN,14));
resultShow.setBorder(new SoftBevelBorder(BevelBorder.LOWERED));
resultShow.setBackground(Color.white);
resultShow.setEditable(false);
panel=new Panel();
panel.setLayout(new GridLayout(4,5));

panel.add(numberButton[1]);
panel.add(numberButton[2]);
panel.add(numberButton[3]);
panel.add(oprationButton[0]);
```

```
panel.add(清零按钮);
  panel.add(numberButton[4]);
panel.add(numberButton[5]);
  panel.add(numberButton[6]);
panel.add(oprationButton[1]);
panel.add(退格按钮);

panel.add(numberButton[7]);
panel.add(numberButton[8]);
panel.add(numberButton[9]);
panel.add(oprationButton[2]);
panel.add(求倒数按钮);

panel.add(numberButton[0]);
     panel.add(正负号按钮);
panel.add(小数点按钮);
panel.add(oprationButton[3]);
panel.add(等号按钮);
add(panel,BorderLayout.CENTER);
add(resultShow,BorderLayout.NORTH);
```

⑤事件处理。在本例中主要的事件处理是对不同按钮的 Action 事件的处理，除此之外还有窗口事件的处理，参考代码如下：

```
addWindowListener(new WindowAdapter(){
public void windowClosing(WindowEvent e){
                            System.exit(0);
                          }
                        });
  setVisible(true);
  setBounds(100,50,240,180);
  setResizable(false);
  validate();
}
//按钮事件的处理
  public void actionPerformed(ActionEvent e){
    if(e.getSource() instanceof NumberButton){
      NumberButton b=(NumberButton)e.getSource();
```

```
    if(链表.size()==0){
        int number=b.getNumber();
        链表.add(""+number);
        resultShow.setText(""+number);
        是否按下等号=false;
    }
    else if(链表.size()==1&&是否按下等号==false){
        int number=b.getNumber();
        String num=(String)链表.getFirst();
        String s=num.concat(""+number);
        链表.set(0,s);
        resultShow.setText(s);
    }
    else if(链表.size()==1&&是否按下等号==true){
        int number=b.getNumber();
        链表.removeFirst();
        链表.add(""+number);
        是否按下等号=false;
        resultShow.setText(""+number);
    }
    else if(链表.size()==2){
        int number=b.getNumber();
        链表.add(""+number);
        resultShow.setText(""+number);
    }
    else if(链表.size()==3)
      {
      int number=b.getNumber();
      String num=(String)链表.getLast();
      String s=num.concat(""+number);
      链表.set(2,s);
      resultShow.setText(s);
      }
    }
else if(e.getSource() instanceof OperationButton)
    {
    OperationButton b=(OperationButton)e.getSource();
```

```
        if(链表.size()==1)
          {
            String fuhao=b.get运算符号();
            链表.add(fuhao);
          }
        else if(链表.size()==2)
          {
            String fuhao=b.get运算符号();
            链表.set(1,fuhao);
          }
        else if(链表.size()==3)
          {
            String fuhao=b.get运算符号();
            String number1=(String)链表.getFirst();
            String number2=(String)链表.getLast();
            String 运算符号=(String)链表.get(1);
            try
              {
                double n1=Double.parseDouble(number1);
                  double n2=Double.parseDouble(number2);
                  double n=0;
                  if(运算符号.equals("+"))
                  {
                    n=n1+n2;
                  }
                else if(运算符号.equals("-"))
                  {
                    n=n1-n2;
                  }
                else if(运算符号.equals("*"))
                  {
                    n=n1*n2;
                  }
                else if(运算符号.equals("/"))
                  {
                    n=n1/n2;
                  }
```

```
        链表.clear();
        链表.add(""+n);
        链表.add(fuhao);
        resultShow.setText(""+n);
      }
    catch(Exception ee)
      {
      }
    }
}
else if(e.getSource()==等号按钮)
{
  是否按下等号=true;
  if(链表.size()==1||链表.size()==2)
    {
      String num=(String)链表.getFirst();
      resultShow.setText(""+num);
}
  else if(链表.size()==3) {
    String number1=(String)链表.getFirst();
    String number2=(String)链表.getLast();
    String 运算符号=(String)链表.get(1);
    try
      {
        double n1=Double.parseDouble(number1);
        double n2=Double.parseDouble(number2);
        double n=0;
        if(运算符号.equals("+"))
          {
            n=n1+n2;
          }
        else if(运算符号.equals("-"))
          {
            n=n1-n2;
          }
        else if(运算符号.equals("*""))
          {
```

```
                n=n1 * n2;
              }
            else if(运算符号.equals("/"))
              {
                n=n1/n2;
              }
            resultShow.setText(""+n);
            链表.set(0,""+n);
            链表.removeLast();
            链表.removeLast();
            }
          catch(Exception ee)
            {
            }
          }
        }
      else if(e.getSource()==小数点按钮)
  {
    if(链表.size()==0)
        {
          是否按下等号=false;
        }
        else if(链表.size()==1)
        {
          String dot=小数点按钮.getLabel();
          String num=(String)链表.getFirst();
          String s=null;
          if(num.indexOf(dot)==-1)
            {
              s=num.concat(dot);
              链表.set(0,s);
            }
          else
            {
              s=num;
            }
              链表.set(0,s);
```

```
            resultShow.setText(s);
          }
        else if(链表.size()==3)
          {
            String dot=小数点按钮.getLabel();
            String num=(String)链表.getLast();
            String s=null;
            if(num.indexOf(dot)==-1)
                    {
                      s=num.concat(dot);
                      链表.set(2,s);
                    }
              else
                    {
                      s=num;
                    }
              resultShow.setText(s);
          }
      }
    else if(e.getSource()==退格按钮)
          {
            if(链表.size()==1)
          {
              String num=(String)链表.getFirst();
              if(num.length()>=1)
                {
                  num=num.substring(0,num.length()-1);
                  链表.set(0,num);
                  resultShow.setText(num);
                }
              else
                {
                  链表.removeLast();
                  resultShow.setText("0");
                }
            }
        else if(链表.size()==3)
```

```
            {
                String num=(String)链表.getLast();
                if(num.length()>=1)
                  { num=num.substring(0,num.length()-1);
                      链表.set(2,num);
                      resultShow.setText(num);
                  }
                  else
                  {
                      链表.removeLast();
                      resultShow.setText("0");
                  }
            }
        }
    else if(e.getSource()==正负号按钮)
        {
          if(链表.size()==1)
            {
            String number1=(String)链表.getFirst();
              try
            {
                      double d=Double.parseDouble(number1);
                      d=-1*d;
                      String str=String.valueOf(d);
                      链表.set(0,str);
                      resultShow.setText(str);
                  }
            catch(Exception ee)
                  {
                  }
          }
           else if(链表.size()==3)
          {
            String number2=(String)链表.getLast();
             try
                  {
                      double d=Double.parseDouble(number2);
```

```
                d=-1*d;
                String str=String.valueOf(d);
                链表.set(2,str);
                resultShow.setText(str);
            }
        catch(Exception ee)
            {
            }
      }
   }
else if(e.getSource()==求倒数按钮)
   {
if(链表.size()==1||链表.size()==2)
      {
        String number1=(String)链表.getFirst();
         try
            {
                double d=Double.parseDouble(number1);
                d=1.0/d;
                String str=String.valueOf(d);
                链表.set(0,str);
                resultShow.setText(str);
      }
        catch(Exception ee) {
              }
      }
       else if(链表.size()==3) {
        String number2=(String)链表.getLast();
         try
            {
                double d=Double.parseDouble(number2);
                d=1.0/d;
                String str=String.valueOf(d);
                链表.set(0,str);
                resultShow.setText(str);
            }
        catch(Exception ee)
```

```
                {
                }
            }
        }
        else if(e.getSource()==清零按钮)
        {
            是否按下等号=false;
            resultShow.setText("0");
            链表.clear();
        }
    }
```

⑥main()方法。在 main()方法中只需要创建主类 Cacultor 的对象即可，参考代码如下：

```
public  static void main(String args[]) {
        new Cacultor();
    }
}
```

(3)在 Eclipse 中运行程序，将显示如图 12-1 所示的结果，用户可以在该应用中实现简单的数学运算。

实验二　电子时钟

一、实验目的

1. 综合应用所学的基本知识。
2. 设计具有实际意义的应用程序。
3. 锻炼创建使用新类的能力。

二、实验内容

利用 Java 中提供的类和事件处理模型，编写一个运行时的电子时钟。

实验步骤：

(1)Eclipse 中创建一个新的工程 ClockPRJ。

(2)在工程 ClockPRJ 中创建 Clock 类，参考代码如下：

代码如下：

```
import java.awt.*;
import java.awt.event.*;
import java.util.*;
import javax.swing.event.*;
import javax.swing.*;
import javax.swing.Timer;
public class Clock extends JFrame implements ActionListener
  {
  Timer timer;
  int x,y,old_X,old_Y, r,x0,y0,w,h,ang;
  int sdo,mdo,hdo,old_M,old_H;
  TimeZone tz =TimeZone.getTimeZone("JST");
  final double RAD=Math.PI/180.0;
  public static void main(String[] args)
{
  Clock cl = new Clock();
}
public void actionPerformed(ActionEvent e)
{
        timer.restart();
}
  Clock()
{
  super("Clock");
  setDefaultCloseOperation(JFrame.DISPOSE_ON_CLOSE);
  setBackground(new Color(0,0,192));
  setSize(300,300);
  show();
  int delay = 1000;
  //窗体添加事件监听,监听秒表的触发
  ActionListener taskPerformer = new ActionListener()
{
  public void actionPerformed(ActionEvent evt)
  {
    repaint();
  }
```

```
    };
    new Timer(delay, taskPerformer).start();
  }
  public void paint( Graphics g )
    {
    Insets insets = getInsets();
      int L0 = (insets.left)/2, T0 = (insets.top)/2;
      int hh,mm,ss;
      String st;
      h=getSize().height;
      g.setColor(Color.white);   //绘制圆形
      g.drawOval(L0+30,T0+30,h-60,h-60);
      g.drawOval(L0+32,T0+32,h-64,h-64);
      r=h/2-30;
      x0=30+r-5+L0;
      y0=30+r-5-T0;
      ang=60;
      for (int i=1; i<=12; i++)
      {
        x=(int)((r+10)*Math.cos(RAD*ang)+x0);
        y=(int)((r+10)*Math.sin(RAD*ang)+y0);
        g.drawString(""+i,x,h-y);
        ang-=30;
      }
      x0=30+r+L0; y0=30+r+T0;
      Calendar now=Calendar.getInstance();  //获取时间
      hh=now.get(Calendar.HOUR_OF_DAY);  //小时
      mm=now.get(Calendar.MINUTE);  //分钟
      ss=now.get(Calendar.SECOND);  // 秒
      g.setColor(Color.pink);
      g.fillRect(L0,T0,60,28);  //填充的矩形
      g.setColor(Color.blue);
      if (hh < 10) st="0"+hh;
        else st=""+hh;
      if (mm < 10) st=st+":0"+mm;
        else st=st+":"+mm;
      if (ss < 10) st=st+":0"+ss;
```

```
        else st=st+":"+ss;
      g.drawString(st,L0,T0+25);  //计算时间和图形的关系
      sdo=90-ss*6;
      mdo=90-mm*6;
      hdo=90-hh*30-mm/2;
      if (old_X > 0)  //擦除秒针
      {
      g.setColor(getBackground());
      g.drawLine(x0,y0,old_X,(h-old_Y));
    }
    else
    {
      old_M=mdo;
      old_H=hdo;
    }
    //绘制秒针
    g.setColor(Color.yellow);
    x=(int)((r-8)*Math.cos(RAD*sdo)+x0);
    y=(int)((r-8)*Math.sin(RAD*sdo)+y0)-2*T0;
    g.drawLine(x0,y0,x,(h-y));
    old_X=x;
    old_Y=y;
    if (mdo != old_M) //擦除分针和时针
    {
      line(g,old_M,(int)(r*0.7),getBackground());
      old_M=mdo;
    }
    if (hdo != old_H)
    {
      line(g,old_H,(int)(r*0.5),getBackground());
      old_H=hdo;
    }
      line(g,mdo,(int)(r*0.7),Color.green);  //绘制分针
      line(g,hdo,(int)(r*0.5),Color.red);  //绘制时针
}
public void line(Graphics g, int t, int n, Color c)
  {
```

```
        int [] xp = new int[4];
        int [] yp = new int[4];
        xp[0]=x0;
        yp[0]=y0;
        xp[1]=(int)((n-10) * Math.cos(RAD * (t-4))+x0);
        yp[1]=h-(int)((n-10) * Math.sin(RAD * (t-4))+y0);
        xp[2]=(int)( n * Math.cos(RAD * t)+x0);
        yp[2]=h-(int)( n * Math.sin(RAD * t)+y0);
        xp[3]=(int)((n-10) * Math.cos(RAD * (t+4))+x0);
        yp[3]=h-(int)((n-10) * Math.sin(RAD * (t+4))+y0);
        g.setColor(c);
        g.fillPolygon(xp,yp,4);
    }
}
```

(3)编译源程序,运行结果如图 12-2 所示。

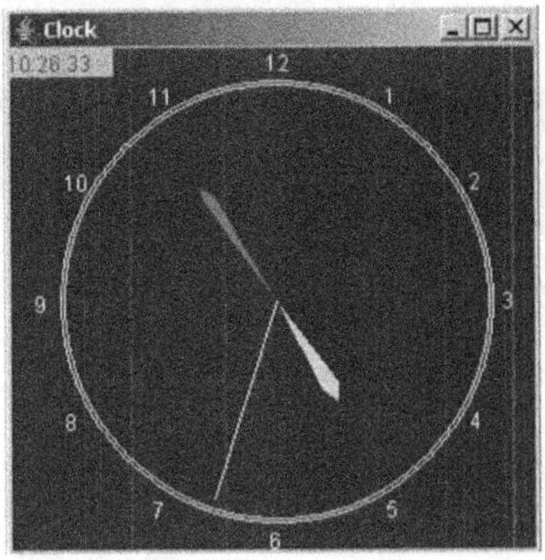

图 12-2 运行结果

程序通过绘制椭圆、直线,将时钟的圆盘、时针、分针和秒针等元素绘制出来,从而实现一个动态的时钟。

实验三　运动的小球

一、实验目的

1.综合应用所学的基本知识。
2.设计具有实际意义的应用程序。
3.锻炼创建使用新类的能力。

二、实验内容

在一个给定的窗体区域内，设计出一个按照一定路线运行的小球。
实验步骤：
(1)在 Eclipse 中创建一个新的工程 BounceRPJ。
(2)在工程 BounceRPJ 中创建 BounceThread 类，参考代码如下：

```
import java.awt.*;
import java.awt.event.*;
import java.awt.geom.*;
import java.util.*;
import javax.swing.*;
public class BounceThread
{
  public static void main(String[] args)
  {
    JFrame frame = new BounceFrame();
    frame.setDefaultCloseOperation(JFrame.EXIT_ON_CLOSE);
    frame.show();
  }
}
class BounceFrame extends JFrame
{
  public BounceFrame()
{
  setSize(WIDTH, HEIGHT);
  setTitle(" BounceThread ");
```

```
        Container contentPane = getContentPane();
        canvas = new BallCanvas();
        contentPane.add(canvas, BorderLayout.CENTER);
        JPanel buttonPanel = new JPanel();
        addButton(buttonPanel, "Start",
          new ActionListener()
            {
              public void actionPerformed(ActionEvent evt)
              {
                addBall();
              }
            });
      addButton(buttonPanel, "Close",new ActionListener()
          {
            public void actionPerformed(ActionEvent evt)
            {
              System.exit(0);
            }
          });
      contentPane.add(buttonPanel, BorderLayout.SOUTH);
    }

      public void addButton(Container c, String title,ActionListener listener)
      {
        JButton button = new JButton(title);
        c.add(button);
        button.addActionListener(listener);
      }

      public void addBall()
      {
        Ball b = new Ball(canvas);
        canvas.add(b);
        BallThread thread = new BallThread(b);
        thread.start();
      }
```

```
    private BallCanvas canvas;
    public static final int WIDTH = 450;
    public static final int HEIGHT = 350;
}
class BallThread extends Thread
{
    public BallThread(Ball aBall)
    {
        b = aBall;
    }
    public void run()
    {
        try
        {
            for (int i = 1; i <= 1000; i++)
            {
                b.move();
                sleep(5);
            }
        }
        catch (InterruptedException exception) { }
    }
    private Ball b;
}
    class BallCanvas extends JPanel
{
    public void add(Ball b)
    {
        balls.add(b);
    }
    public void paintComponent(Graphics g)
    {
        super.paintComponent(g);
        Graphics2D g2 = (Graphics2D)g;
        for (int i = 0; i < balls.size(); i++)
        {
```

```
            Ball b = (Ball)balls.get(i);
            b.draw(g2);
        }
    }
    private ArrayList balls = new ArrayList();
}
class Ball
{
    public Ball(Component c)
{
canvas = c;
}
    public void draw(Graphics2D g2)
    {
        g2.fill(new Ellipse2D.Double(x, y, XSIZE, YSIZE));
    }
    public void move()
    {
        x += dx;
        y += dy;
        if (x < 0)
        {
            x = 0;
            dx = -dx;
        }
        if (x + XSIZE >= canvas.getWidth())
        {
            x = canvas.getWidth() - XSIZE;
            dx = -dx;
        }
        if (y < 0)
        {
            y = 0;
            dy = -dy;
        }
        if (y + YSIZE >= canvas.getHeight())
        {
```

```
        y = canvas.getHeight() - YSIZE;
        dy = -dy;
      }
      canvas.repaint();
    }
    private Component canvas;
    private static final int XSIZE = 15;
    private static final int YSIZE = 15;
    private int x = 0;
    private int y = 0;
    private int dx = 2;
    private int dy = 2;
  }
```

(3)编译运行源程序,点击"Start"按钮后程序运行结果如图 12-3 所示。

图 12-3　运行结果

运行程序后,思考本程序中所涉及的类、线程。分析各类的主要功能和线程控制的基本工作方式。

实验四　学生信息管理系统

一、实验目的

1. 综合应用所学的图形界面设计与数据库知识。
2. 设计具有实际意义的数据库应用程序。
3. 锻炼创建使用新类的能力。

二、实验内容

设计对一个系的学生的基本信息资料进行管理的系统，其主要功能有：查询信息、添加信息、修改信息、删除信息。

实验步骤：

(1)总体设计。

本系统主要有四个模块：查询信息模块、添加信息模块、修改信息模块、删除信息模块。主要使用 Swing 组件来完成，主要有：JFrame，JPanel，JScrollPane，JSplitPane，JDialog，JTable，JTextField，JComboBox，JLabel 等。

(2) 数据库结构设计。

学生基本信息表设计如表 12-1 所示。

表 12-1　学生基本信息表

名称	字段名称	数据类型	名称	字段名称	数据类型
学号	Num	文本	班级	Class	文本
姓名	Name	文本	生日	Birthday	时期/时间
性别	Sex	文本	籍贯	Home	文本
民族	Ethnic	文本			

主要的数据库操作如下所示：

①连接数据库的语句。

在 Stu.java 文件中声明如下语句：

```
static Connection conn=null;
static Statement stmt=null;
```

在使用数据库进行连接时，如进行删除操作时的数据库操作语句是：

```
temp="DELETE FROM stuTable WHERE Num='"+Panel.a[i][3]+"'";
Stu.conn=DriverManager.getConnection("jdbc:odbc:stu","stu","")
Stu.stmt.executeUpdate(temp);
Stu.conn.close();
```

②在此系统中主要使用数据库操作语句如下。

a.查询语句：SELECT * FROM stuTable WHERE ...

b.插入语句：INSERT INTO stuTable VALUES ...

c.更新语句：UPDATE stuTable SET ... WHERE ...

d.删除语句：DELETE FROM stuTable WHERE ...

③主界面设计。

主界面设计效果如图 12-4 所示，右侧窗格是对系统的简单说明。

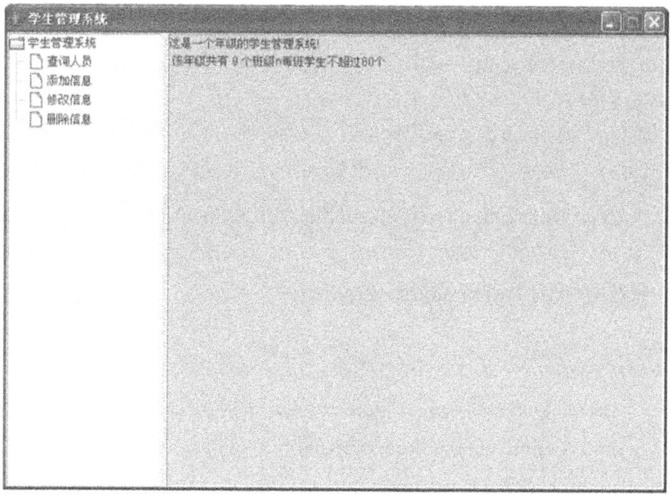

图 12-4 主界面

主界面参考代码如下：

```
package stu;
import java.awt.*;
import javax.swing.*;
import javax.swing.tree.*;
import javax.swing.event.*;
import java.awt.event.*;
import java.io.*;
import java.sql.*;

public class Stu extends JFrame implements TreeSelectionListener{
                        //学生管理系统界面
    static int N1=9;
    static int N2=60;
    static Stu st;
    JTree tree=null;
    static JPanel p=new JPanel();
    Pane sp0=new Pane();
```

```
Pane sp1=new Pane();
Pane sp2=new Pane();
Pane sp21=new Pane();
static CardLayout car=new CardLayout();
static Connection conn=null;
static Statement stmt=null;
public Stu(){
    super("学生管理系统");
    try{
      Class.forName("sun.jdbc.odbc.JdbcOdbcDriver");
    }
    catch(ClassNotFoundException ee){
    }
    try{
      conn=DriverManager.getConnection("jdbc:odbc:stu","stu","");
      stmt=conn.createStatement(); }
        catch(SQLException ee){
            }
      Container con=getContentPane();
      setSize(700,500);
      setLocation(100,100);
      DefaultMutableTreeNode
      root=new DefaultMutableTreeNode("学生管理系统");
      DefaultMutableTreeNode t11=new DefaultMutableTreeNode("查询人员");
      DefaultMutableTreeNode t12=new DefaultMutableTreeNode("添加信息");
      DefaultMutableTreeNode t13=new DefaultMutableTreeNode("修改信息");
      DefaultMutableTreeNode t14=new DefaultMutableTreeNode("删除信息");
        root.add(t11);
        root.add(t12);
        root.add(t13);
        root.add(t14);
        tree=new JTree(root);
        p.setLayout(car);
        p.add("0",sp0);
        p.add("1",sp1);
        p.add("2",sp2);
        JSplitPane sp=new JSplitPane(JSplitPane.HORIZONTAL_SPLIT,true,
```

```
        tree,p);
        sp.setEnabled(false);
        tree.addTreeSelectionListener(this);
        con.add(sp);
        setVisible(true);
        setResizable(false);
    }
public void valueChanged(TreeSelectionEvent e){
        if(e.getSource()==tree){
          DefaultMutableTreeNode
node=(DefaultMutableTreeNode)tree.getLastSelectedPathComponent();
        String str=node.toString();
        if(str.equals("学生管理系统"))
        car.show(p,"0");
    else if(str.equals("查询人员"))   car.show(p,"1");
    else if(str.equals("添加信息"))   car.show(p,"2");
    else if(str.equals("修改信息"))   car.show(p,"1");
    else if(str.equals("删除信息"))   car.show(p,"1");
        }
    }
  public static void main(String args[]){
  st=new Stu();
 }
}

class Pane extends JPanel{
  JTextArea ta=new JTextArea("这是一个年级的学生管理系统!\n 该年级共有
9 个班级 n 每班学生不超过 60 个");
  public Pane(){
      setLayout(new BorderLayout());
      ta.setBackground(Color.orange);
      ta.setEditable(false);
      add(ta,"Center");
 }
}
```

④查询模块的设计。

如图 12-5 所示，在本系统中可以根据不同的条件进行查询，在查询界面的主窗口中将输出所有满足条件的记录。

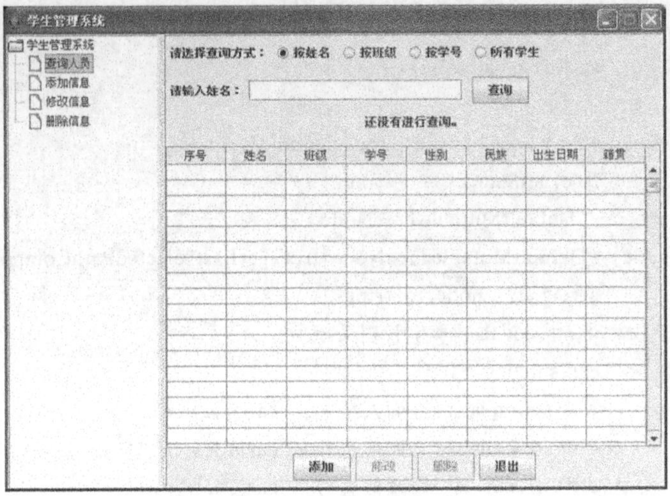

图 12-5 查询人员界面

程序参考代码如下：

```
class Panel extends JPanel implements ItemListener,ActionListener {    //查询界面
  String  com=" Name ";
  String name,sex,eth,clas,bir,home;
  int num;
  static int N=0;
  JPanel pt=new JPanel();
  JPanel p1=new JPanel();
  JLabel l1=new JLabel("请选择查询方式:");
  ButtonGroup gp=new ButtonGroup();
  JRadioButton r1=new JRadioButton();
  JRadioButton r2=new JRadioButton();
  JRadioButton r3=new JRadioButton();
  JRadioButton r4=new JRadioButton();
  JPanel p2=new JPanel();
  JLabel l2=new JLabel("请输入姓名:");
  JTextField tf1=new JTextField(20);
  JLabel l3=new JLabel("");
```

```
    JButton bc=new JButton("查询");
    JPanel p3=new JPanel();
    JLabel l4=new JLabel("还没有进行查询。");
    JScrollPane pc;
    Object columnName[]={"序号","姓名","班级","学号","性别","民族","出生日期","籍贯"};
    static Object a[][]=new Object[Stu.N1 * Stu.N2][8];
    JTable table=new JTable(a,columnName);
      JPanel pb=new JPanel();
    JButton bt=new JButton("添加");
    JButton bx=new JButton("修改");
    JButton bs=new JButton("删除");
    JButton be=new JButton("退出");

  public Panel1() {
    setLayout(new BorderLayout());
    r1.setText("按姓名");r1.setSelected(true);
    r2.setText("按班级");
    r3.setText("按学号");
    r4.setText("所有学生");
    r1.addItemListener(this);
    r2.addItemListener(this);
    r3.addItemListener(this);
    r4.addItemListener(this);
    gp.add(r1);
    gp.add(r2);
    gp.add(r3);
    gp.add(r4);
    pt.setLayout(new GridLayout(3,1,0,0));
    p1.setLayout(new FlowLayout(FlowLayout.LEFT));
      p1.add(l1);
    p1.add(r1);
    p1.add(r2);
    p1.add(r3);
    p1.add(r4);
    pt.add(p1);
    p2.setLayout(new FlowLayout(FlowLayout.LEFT));
```

```
        p2.add(l2);
        p2.add(tf1);
        p2.add(l3);
        bc.addActionListener(this);
        p2.add(bc);
        p3.add(l4);
        pt.add(p2);
        pt.add(p3);
        add(pt," North ");
        table.setEnabled(false);
        pc=new JScrollPane(table);
        add(pc," Center ");

        bt.addActionListener(this);   //注册监听器
        bx.addActionListener(this);
        bs.addActionListener(this);
        be.addActionListener(this);
          bt.setEnabled(true);
        bx.setEnabled(false);
        bs.setEnabled(false);
        be.setEnabled(true);
        pb.add(bt);
        pb.add(bx);
        pb.add(bs);
        pb.add(be);
        add(pb," South ");
        setVisible(true);
        }
      public void itemStateChanged(ItemEvent e) {
        if(e.getSource()==r1) {
              tf1.setVisible(true);
              l2.setText("请输入姓名:");
              l3.setText("");
              com=" Name=";
        }
      else if(e.getSource()==r2)   {
              tf1.setVisible(true);
```

```
            l2.setText("请输入班级:");
            l3.setText("(格式如:1 班)");
            com=" Class=";
    }
else if(e.getSource()==r3)  {
            tf1.setVisible(true);
            l2.setText("请输入学号:");
            l3.setText("(必须为数字)");
            com=" Num=";
    }
else if(e.getSource()==r4) {
            tf1.setVisible(false);
            l2.setText("");
            l3.setText("");
            com="所有";
    }
}
public void actionPerformed(ActionEvent e) {
  if(e.getSource()==bc)  //进行查询
  {
            for(int i=0;i<a.length;i++)
            {
                for(int j=0;j<8;j++)
                {
                                    a[i][j]="";
                }
            }
            int n=0;
            table.updateUI();
            if((! tf1.getText().trim().equals(""))||com.equals("所有")){
                  Object t[][]=new Object[1][1];
                  String temp;
                  if(! com.equals("所有")) {  //构建SQL语句
                        temp=" SELECT * FROM stuTable WHERE "+com+"'"
+
tf1.getText().trim()+"'";
                  }
```

```
        else{
                temp="SELECT * FROM stuTable";
        }
    try{
     Stu.conn=DriverManager.getConnection("jdbc:odbc:stu","stu","");
        ResultSet rs=Stu.stmt.executeQuery(temp);
        while(rs.next()){
                num=(int)rs.getLong("Num");
                name=rs.getString("Name");
                eth=rs.getString("Ethnic");
                clas=rs.getString("Class");
                bir=rs.getString("Birthday");
                home=rs.getString("Home");
                sex=rs.getString("Sex");
                a[n][1]=name;
                a[n][2]=clas;
                a[n][3]=num;
                a[n][4]=sex;
                a[n][5]=eth;
                a[n][6]=bir.substring(0,10);
                a[n][7]=home;
                n++;
                }
        for (int i = 0 ;i < n;i++ ){  //进行排序(冒泡排序)
            for (int j = 0 ;j < n - i - 1 ;j++ ) {
                    if(((Integer)a[j][3])>((Integer)a[j+1][3])) {
                                    t[0]=a[j];
                                    a[j]=a[j+1];
                                    a[j+1]=t[0];
                                     }
                              }
                              }
    for(int i=0;i<n;i++){
                    a[i][0]=i+1;
                        }
      N=n;
      Stu.conn.close();
```

```
                }
        catch(SQLException ee){
                System.out.println(ee.toString());
                }
        l4.setText("查询结果为:"+com+tf1.getText().trim()+"的学生,按学号
        排列,共有"+n+"条记录! ");
        table.updateUI();
        }
        else {
                l4.setText("请输入要查询的内容! ");
        }
    if(n>0){
                bx.setEnabled(true);
                bs.setEnabled(true);
        }
        else{
                bx.setEnabled(false);
                bs.setEnabled(false);
        }
    }
      if(e.getSource()==bt){   //添加按钮的事件处理
        Stu.car.show(Stu.p,"2");
       }
   if(e.getSource()==bx) {   //修改按钮的事件处理
        Dxdialog dx=new Dxdialog(Stu.st,"修改信息");
    }
    if(e.getSource()==bs) {   //删除按钮的事件处理
        Dsdialog da=new Dsdialog(Stu.st,"删除信息");
    }
    if(e.getSource()==be){   //退出按钮的事件处理
        Stu.car.show(Stu.p,"0");
    }
   }
   }
```

在本模块的设计中,最主要的是对查询按钮事件的处理,当单击该按钮时要和数据库建立连接并读取数据库的合法信息,显示在表格中。在此使用 JDBC-ODBC 连接方式,读取数据库返回的记录并放置在对象数组内。

⑤添加信息模块的设计。

添加信息模块只需完成对信息的添加功能，所以在界面设计上比查询功能的界面要简洁得多，如图 12-6 所示。

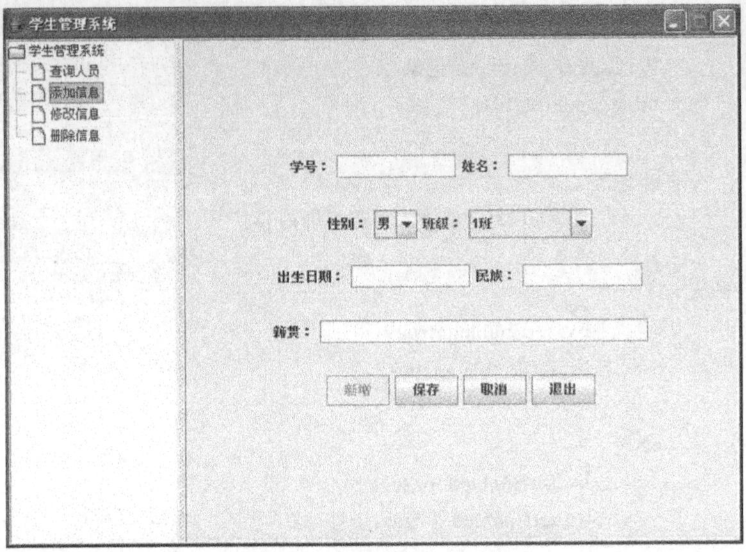

图 12-6　添加信息界面

其程序代码如下：

```
class Pane2 extends JPanel implements ActionListener {    //添加信息模块
    JPanel p1=new JPanel();
    JPanel p2=new JPanel();
    JPanel p3=new JPanel();
    JPanel p4=new JPanel();
    JPanel p5=new JPanel();
    JLabel al1=new JLabel("学号:");
    JLabel al2=new JLabel("姓名:");
    JLabel al3=new JLabel("性别:");
    JLabel al4=new JLabel("班级:");
    JLabel al5=new JLabel("出生日期:");
    JLabel al6=new JLabel("民族:");
    JLabel al7=new JLabel("籍贯:");
    JLabel al8=new JLabel("");
```

```
Object items[]=new Object[Stu.N1];
Object ite[]={"男","女"};
JTextField atf1=new JTextField(10);
JTextField atf2=new JTextField(10);
JComboBox atf3=new JComboBox(ite);
JComboBox atf4;
JTextField atf5=new JTextField(10);
JTextField atf6=new JTextField(10);
JTextField atf7=new JTextField(28);
JButton b1=new JButton("新增");
JButton b2=new JButton("保存");
JButton b3=new JButton("取消");
JButton b4=new JButton("退出");
public Pane2() {  //添加信息界面
        setLayout(new GridLayout(9,1));
        b1.setEnabled(false);
        b1.addActionListener(this);
        b2.addActionListener(this);
        b3.addActionListener(this);
        b4.addActionListener(this);
        for(int i=0;i<Stu.N1;i++)
        {
                items[i]=(i+1)+"班                              ";
        }
        atf4=new JComboBox(items);
          p1.add(al1);
        p1.add(atf1);
        p1.add(al2);
        p1.add(atf2);
        p2.add(al3);
        p2.add(atf3);
        p2.add(al4);
        p2.add(atf4);
        p3.add(al5);
        p3.add(atf5);
        p3.add(al6);
        p3.add(atf6);
```

```
            p4.add(al7);
            p4.add(atf7);
            p5.add(b1);
            p5.add(b2);
            p5.add(b3);
            p5.add(b4);
          add(al8);
          add(new JPanel());
            add(p1);
            add(p2);
            add(p3);
            add(p4);
            add(p5);
            add(new JPanel());
            add(new JPanel());
     }
  public void actionPerformed(ActionEvent e) {   //添加信息的处理
     if(e.getSource()==b1)
     {
            atf1.setText("");
            atf2.setText("");
            atf5.setText("");
            atf6.setText("");
            atf7.setText("");
            b1.setEnabled(false);
            b2.setEnabled(true);
            b3.setEnabled(true);
            b4.setEnabled(true);
     }
       else if(e.getSource()==b2) {
     if(! (atf1.getText().trim().equals(""))&&(! atf2.getText().trim().
equals(""))&&(! atf3.getSelectedItem().equals(""))&&(! atf4.
getSelectedItem().equals(""))&&(! atf5.getText().trim().
equals(""))&&(! atf6.getText().trim().equals(""))&&(! atf7.
getText().trim().equals("")))
            {
                  Boolean   bb1=false,bb2=true;
```

```
                    int bN=0;
                    String s="该班现共添加了";
                    String    s1=atf1.getText().trim();
                    for(int i=0;i<s1.length();i++)
                    {
                            bb1=Character.isDigit(s1.charAt(i));
                            if(bb1==false) break;
                    }
                    if(bb1)
                    {
if((Integer.parseInt(s1)>0)&&(Integer.parseInt(s1)<=(Stu.N1 * Stu.N2)))
                            {
                                    String temp1=" SELECT * FROM stuTable ";
                                    try  //查询当前这个班的人数和学号不能重复
                                    {
        Stu.conn=DriverManager.getConnection(" jdbc : odbc : stu "," stu ","");
                                            ResultSet rs=Stu.stmt.executeQuery(temp1);
                                            while(rs.next())
                                            {
                                                    String str1=rs.getString(" Class ");
                                                    Long log=rs.getLong(" Num ");
                                                    String str2=log.toString();
                                                    if(str2.equals(atf1.getText().trim()))
                                                      {
                                                            bb2=false;
                                                            break;
                                                      }
        if(str1.equals(atf4.getSelectedItem().toString().trim()))
          {
                                    bN=bN+1;
                                                }
                                            }
                                    Stu.conn.close();
                                    }
                            catch(SQLException ee){System.out.println(ee.toString
                            ());}
                            if(bb2) {
```

```
                    if(bN<=Stu.N2) {  //人数不能超过60
                      String temp2=" INSERT INTO stuTable VALUES('"+
                      Long.
parseLong(atf1.getText().trim())+"','"+atf2.
getText().trim()+"','"+atf3.getSelectedItem().
toString().trim()+"','"+atf6.getText().trim()+
"','"+atf4.getSelectedItem().toString().trim()+
"','"+atf5.getText().trim()+"','"+atf7.getText().
trim()+"')";
try{
                    Stu.conn=DriverManager.
                              getConnection(" jdbc:odbc:stu "," stu ","");
                    Stu.stmt.executeUpdate(temp2);
                    al8.setText("添加成功！"+s+(bN+1)+"个人");
                    Stu.conn.close();
                    b1.setEnabled(true);
                    b2.setEnabled(false);
                    b3.setEnabled(false);
                    b4.setEnabled(true);
                    }
                    catch(SQLException ee){
                          al8.setText("输入的出生日期格式不对！请重新输入。
                          出生日期的输入格式如:1986-06-06 ");}
                              }
              else{
                 al8.setText("该班人数已满,请重新输入。");
                    }
              }
              else{
                   al8.setText("已有该学号,请重新输入。");
                       }
                   }
            else{
                    al8.setText("学号应是一个1-"+Stu.N1*Stu.N2+"之间
                    的数字,请重新输入！");
                    }
                    }
```

```
                    else{
                            al8.setText("学号为数字,请重新输入。");
                    }
            }
        else{
"                   al8.setText("所有内容都不能为空！请重新输入。");
                }
    }
    else if(e.getSource()==b3){
            atf1.setText("");
            atf2.setText("");
            atf5.setText("");
            atf6.setText("");
            atf7.setText("");
  }
    else if(e.getSource()==b4){
            Stu.car.show(Stu.p," 1 ");
            atf1.setText("");
            atf2.setText("");
            atf6.setText("");
            atf7.setText("");
    }
  }
}
```

⑥修改和删除信息模块的设计。

因为修改和删除信息是与查询信息相结合的,所以在前面的查询界面中可看到有这两个功能按钮,只有当查询表里有查询信息时,才能对查询表中的信息进行修改和删除。

a.修改信息设计。

查询的功能实现前面已经介绍过,当单击“修改”按钮时,将弹出如图 12-7 所示的对话框。

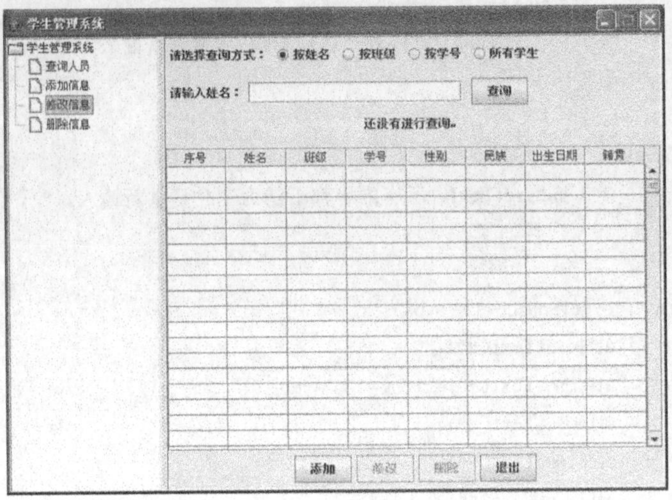

图 12-7　修改信息界面

修改信息可以完成对学生信息的修改，但是在修改之前，首先要读出待修改的学生信息，所以修改是在查询的基础上所做的操作，其程序代码如下。

```
class Dxdialog extends JDialog implements ActionListener{
  //修改信息模块
  int Nx=0;
  JLabel l1=new JLabel("要修改的记录在查询表中的序号为:");
  Object items[]=new Object[Panel.N];
  JComboBox cb;
  Stu f;
  JButton bx=new JButton("修改");
  JButton bt=new JButton("退出");
  JPanel p1=new JPanel();
  JPanel p2=new JPanel();
  Container con=getContentPane();

  Dxdialog(Stu F,String s){
        super(F,s,true);
        f=F;
        for(int i=0;i<Panel.N;i++)
        {
              items[i]=(i+1)+"                ";
```

```
        }
        setSize(400,115);


         setLocation(300,250);
        //setTitle("删除信息");
        cb=new JComboBox(items);
        con.setLayout(new GridLayout(2,1));
        p1.add(l1);
        p1.add(cb);
        con.add(p1);
bt.addActionListener(this);
        p2.add(bx);
        p2.add(bt);
        con.add(p2);
        setVisible(true);
}

public void actionPerformed(ActionEvent e) {
   if(e.getSource()==bx)
   {
        Nx=cb.getSelectedIndex();
        String s1=Pane1.a[Nx][1].toString();
        String s[]=new String[7];
        for(int i=0;i<7;i++)
        {
              s[i]=Pane1.a[Nx][(i+1)].toString();
        }
        Pane3 sp3=new Pane3(s[0],s[1],s[2],s[3],s[4],s[5],s[6]);
        Stu.p.add(" 3 ",sp3);
        Stu.car.show(Stu.p," 3 ");
        this.dispose();
   }
   if(e.getSource()==bt){

        this.dispose();
   }
```

```
        }
    }
```

单击“退出”按钮，则关闭该对话框，单击“修改”按钮则进入修改界面，把要修改的信息列出，进行修改后可单击“保存”按钮，更新数据库中该记录。修改学生信息中由于学生的学号是记录的主键，用来唯一标识一条学生记录，因此不能够修改学生的学号，其他信息可以进行修改。修改完毕，单击“保存”按钮，会更新数据库的相关记录，程序参考代码如下：

```
class Pane3 extends JPanel implements ActionListener{
  //修改模块
  JPanel p1=new JPanel();
  JPanel p2=new JPanel();
  JPanel p3=new JPanel();
  JPanel p4=new JPanel();
  JPanel p5=new JPanel();
  JLabel al1=new JLabel("学号:");
  JLabel al2=new JLabel("姓名:");
  JLabel al3=new JLabel("性别:");
  JLabel al4=new JLabel("班级:");
  JLabel al5=new JLabel("出生日期:");
  JLabel al6=new JLabel("民族:");
  JLabel al7=new JLabel("籍贯:");
  JLabel al8=new JLabel("学号不可更改,其他内容均可更改。");
  Object items[]=new Object[Stu.N1];
  Object ite[]={"男","女"};
  JTextField atf1=new JTextField(10);
  JTextField atf2=new JTextField(10);
  JComboBox atf3=new JComboBox(ite);
  JComboBox atf4;
      JTextField atf5=new JTextField(10);
  JTextField atf6=new JTextField(10);
  JTextField atf7=new JTextField(28);
  JButton b1=new JButton("保存");
  JButton b2=new JButton("继续");
  JButton b3=new JButton("退出");
  Pane3(String s1,String s2,String s3,String s4,String s5,String s6,String s7)
  {
```

```
//修改信息界面
        setLayout(new GridLayout(9,1));
        b2.setEnabled(false);
        b1.addActionListener(this);
        b2.addActionListener(this);
        b3.addActionListener(this);
        for(int i=0;i<Stu.N1;i++){
            items[i]=(i+1)+"班";
        }
        atf4=new JComboBox(items);
        atf1.setText(s3);
        atf1.setEnabled(false);
        atf2.setText(s1);
        int index;
        if(s4.trim().equals("男")) {index=0;}
        else {index=1;}
        atf3.setSelectedIndex(index);
        atf4.setSelectedIndex(Integer.parseInt(s2.substring(0,1))-1);
         atf5.setText(s6);
        atf6.setText(s5);
        atf7.setText(s7);
        p1.add(al1);
        p1.add(atf1);
        p1.add(al2);
        p1.add(atf2);
        p2.add(al3);
        p2.add(atf3);
        p2.add(al4);
        p2.add(atf4);
        p3.add(al5);
        p3.add(atf5);
        p3.add(al6);
        p3.add(atf6);
        p4.add(al7);
        p4.add(atf7);
        p5.add(b1);
```

```
            p5.add(b2);
            p5.add(b3);
           add(al8);
          add(new JPanel());
            add(p1);
            add(p2);
            add(p3);
            add(p4);
            add(p5);
            add(new JPanel());
            add(new JPanel());
    }

public void actionPerformed(ActionEvent e) {   //添加信息的处理
   if(e.getSource()==b1){
          if((! atf2.getText().trim().equals(""))&&(! atf3.getSelectedItem().
equals(""))&&(! atf4.getSelectedItem().equals(""))&&(! atf5.
getText().trim().equals(""))&&(! atf6.getText().trim().
equals(""))&&(! atf7.getText().trim().equals("")))
          {
              String temp2=" UPDATE stuTable SET Name='"+atf2.getText
              ().trim()+"',Sex='"+atf3.getSelectedItem().
toString().trim()+"',Ethnic='"+atf6.getText().trim()+"',Class='"+
atf4.getSelectedItem().toString().trim()+"',Birthday='"+atf5.
getText().trim()+"',Home='"+atf7.getText().trim()+"' WHERE Num='"+
Integer.parseInt(atf1.getText().trim())+"'";
           try{
              Stu.conn=DriverManager.getConnection(" jdbc : odbc : stu ",
              " stu ","");
              Stu.stmt.executeUpdate(temp2);
              al8.setText("修改成功,已更新数据库中的该记录! ");
               Stu.conn.close();
              b1.setEnabled(false);
              b2.setEnabled(true);
              b3.setEnabled(true);
              }
          catch(SQLException ee){
```

```
                    System.out.println(ee.toString());
                    }
                } else{
                    al8.setText("所有内容都不能为空！请重新输入。");
                }
            }
            if(e.getSource()==b2){
                Dxdialog dx=new Dxdialog(Stu.st,"修改信息");
            }
            if(e.getSource()==b3){
                Stu.car.show(Stu.p," 1 ");
            }
        }
    }
```

b. 删除信息设计。

在查询表的下方，当单击“删除”按钮时，将弹出要删除信息的对话框。选择要删除的信息，当单击“删除”按钮时，则进行删除操作，同时更新数据库，从数据库中清除该记录。其程序参考代码如下：

```
class Dsdialog extends JDialog implements ActionListener{   //删除模块
  JLabel l1=new JLabel("要删除的记录在查询表中的序号为:");
  Object items[]=new Object[Panel.N+1];
  JComboBox cb;
  JFrame f;
  JButton bs=new JButton("删除");
  JButton bt=new JButton("退出");
  JPanel p1=new JPanel();
  JPanel p11=new JPanel();
  JPanel p12=new JPanel();
  JPanel p2=new JPanel();
  JPanel p21=new JPanel();
  JPanel p22=new JPanel();
  JButton bs2=new JButton("继续");
  JButton bt2=new JButton("退出");
  JLabel l2=new JLabel("已清除数据库中该记录。");
  CardLayout   car=new CardLayout();
  Container con=getContentPane();
```

```
        Dsdialog(JFrame F,String s) {
            super(F,s,true);
            for(int i=1;i<=Panel.N;i++){
                items[i]=i;
            }
            items[0]="所有";
            setSize(400,115);
            setLocation(300,250);
            //setTitle("删除信息");
            con.setLayout(car);
            cb=new JComboBox(items);
            p1.setLayout(new GridLayout(2,1));
            p11.add(l1);
            p11.add(cb);
            p1.add(p11);
            bs.addActionListener(this);//注册监听器
            bt.addActionListener(this);
            bs2.addActionListener(this);//注册监听器
            bt2.addActionListener(this);
            p12.add(bs);
            p12.add(bt);
            p1.add(p12);
            con.add(" 1 ",p1);
            p2.setLayout(new GridLayout(2,1));
            p21.add(l2);
            p22.add(bs2);
            p22.add(bt2);
            p2.add(p21);
            p2.add(p22);
            con.add(" 2 ",p2);
            setVisible(true);
    }
    public void actionPerformed(ActionEvent e){
        if(e.getSource()==bs){
            String temp;
            try{
```

```
            int n=cb.getSelectedIndex();
        if(n>0) {
            temp="DELETE FROM stuTable WHERE Num='"+Panel.a[n
            -1][3]+"'";
            Stu.conn=DriverManager.getConnection("jdbc:odbc:stu","stu
            ","");
            Stu.stmt.executeUpdate(temp);
             Stu.conn.close();
            }
            else{
                for(int i=0;i<Panel.N;i++){
                    temp="DELETE FROM stuTable WHERE  Num='
                    "+Panel.a[i][3]+"'";
                    Stu.conn=DriverManager.getConnection("jdbc:od-
                    bc:stu","stu","");
                    Stu.stmt.executeUpdate(temp);
                    Stu.conn.close();
                }
                 }
            car.show(con,"2");
        }
        catch(SQLException ee){
            System.out.println(ee.toString());
            }
    }
    if(e.getSource()==bt){
        this.dispose();
    }
    if(e.getSource()==bs2){
        car.show(con,"1");
    }
    if(e.getSource()==bt2) {
        this.dispose();
    }
  }
}
```

参考文献

[1]张桂珠，等.Java 面向对象程序设计(第 2 版)[M].北京:北京邮电大学出版社,2005.

[2]CEAC 信息化培训认证管理办公室.工程化程序设计语言:Java[M].北京:高等教育出版社,2006.

[3]张孝祥.Java 就业培训教程[M].北京:清华大学出版社,2003.

[4]胡伏湘，雷军环.Java 程序设计实用教程[M].北京:清华大学出版社,2005.

[5]邵光亚，邵丽萍.Java 语言程序设计[M].北京:清华大学出版社,2001.

[6]孙印杰，等.Java 编程案例精解[M].北京:电子工业出版社,2005.

[7]张伟.举一反三:Java 程序设计实战训练[M].北京:人民邮电出版社,2004.

[8]唐大仕.Java 程序设计[M].北京:北京交通大学出版社,2007.

[9]《电脑编程技巧与维护》杂志社.Java 编程技巧典型案例解析[M].北京:中国电力出版社,2005.

[10]张琴.一个基于 Java Web 开发应用的教学案例设计与实现[J].计算机教育,2008(13).

[11]林金山，等.用 Java 等设计的基于三层结构的答疑系统[J].计算机工程与设计,2008(5).

[12]郭辉，陈松乔.基于 J2EE 架构的 Java 语言学习平台的设计与实现[J].计算机与信息技术,2008(7).

[13]李芝兴，等.基于 Java EE 技术的实验教学平台的开发与建设[J].计算机教育,2008(2).

[14]陈丽欣.基于 Java ME 和 Java EE 的移动商务系统应用研究[J].计算机与信息技术,2008(6).